成都漫游记

一座城市一本书

成都漫游记

何薇◎编

河海大学出版社
HOHAI UNIVERSITY PRESS
·南京·

图书在版编目（CIP）数据

一座城市一本书·成都漫游记 / 何薇编. -- 南京 : 河海大学出版社，2022.1

ISBN 978-7-5630-7195-1

Ⅰ. ①一… Ⅱ. ①何… Ⅲ. ①诗集－中国②散文集－中国 Ⅳ. ①I211

中国版本图书馆CIP数据核字(2021)第186935号

书　　名 / **一座城市一本书**

成都漫游记

YI ZUO CHENGSHI YI BEN SHU

CHENGDU MANYOU JI

书　　号 / ISBN 978-7-5630-7195-1

责任编辑 / 毛积孝

特约编辑 / 张　堃

特约校对 / 黎　红

装帧设计 / 刘昌凤

出版发行 / 河海大学出版社

地　　址 / 南京市西康路1号（邮编：210098）

电　　话 / （025）83737852（总编室）

/ （025）83722833（营销部）

经　　销 / 全国新华书店

印　　刷 / 三河市华晨印务有限公司

开　　本 / 660毫米×960毫米　1/16

印　　张 / 13.75

字　　数 / 160千字

版　　次 / 2022年1月第1版

印　　次 / 2022年1月第1次印刷

定　　价 / 69.80元

匆匆行走，慢慢成都

古蜀国文明的苏醒

历史不是过去的东西，它存在于每一个人的意识里，存在于每一个人的血液里，然后不由分说地流到了下一代人那里。

神秘的三星堆是迄今中国境内发现的范围最大、延续时间最长、文化内涵最丰富的古文化遗址，被称为20世纪人类最伟大的考古发现之一！

青铜神树、黄金面具、青铜大立人、黄金权杖……这一个个出土的文物在惊艳四海的同时，也勾起了人们广泛的好奇心。虽然我们无法穿越回远古时代，一窥其中的秘密，但人们还是乐此不疲地想要从古籍的只言片语中寻找线索，寻找答案。

名胜古迹的故事

成都的古迹，因历史悠久，所以遗留得特别多。它们被小心、仔细地保存，等着游人前来瞻仰；它们凑成一块，成了游子说不出的故乡，填补内心的思念。

杜甫草堂，满目苍翠的园林更显这里的幽静。武侯祠，依旧是翠柏森森。武侯者，三国诸葛亮也。虽然刘备的庙宇也在这里，但世世代代，人们还是愿意称它为武侯祠。相如琴台，自六朝而后，多有诗人来此题咏。一曲《凤求凰》，是至今都被人追忆的爱情故事。望江楼，在那锦江江畔，登楼远眺，有江景、野景。难怪白居易曾有诗云“江上新楼名四望，东西南北水茫茫”，真是一派江水如画之美景啊。薛涛井，这里是品茗的好去处。树木荫翳，曲径通幽。

空气中的麻辣味

汪曾祺曾说：“一个人的口味要宽一点、杂一点，‘南甜北咸东辣西酸’，都去尝尝。”

走在成都的街道上，你会有一种连空气中都弥漫着麻辣味的感觉。毕竟，这里的火锅是每一个人都不会错过的。下一盘肥牛，一盘虾滑，再来一份鸭血，烫点毛肚，吃完后继续入油麦菜、生菜、蒿子杆，还有土豆、藕片、嫩豆腐、竹笋……看着火锅“咕噜咕噜”地翻滚，感觉一切都跟着沸腾起来，连那坏心情也跟着腾腾的热气一起飞散了。不管是邀上三五好友，还是一个人，不管是在寒风凛冽的冬日，还是炎炎夏日，都丝毫不会影响食欲，好似什么食材只要放到火锅里涮一涮便会有别样的滋味。

来成都，只吃火锅，是不划算的。各色各样的成都小吃也是不容错过的，钟水饺、龙抄手、夫妻肺片、棒棒鸡、担担面……当万家灯火亮起来时，一个个夜市热闹了起来，配着路边那有些岁月的指示牌，以及穿着人字拖在慢悠悠挑选水果的行人，恰巧有风吹过，老成都的味道一下子涌了出来，向着来往游人轻声细语地讲述着这里的故事。

爱喝茶的城市

在成都，喝茶已然是这里的一种生活方式了，是融于骨血里的习惯。无所事事的老人爱去茶铺喝茶，说说年轻时的故事，静享这悠悠闲闲的岁月。年纪轻轻的人也愿意去茶馆坐坐，谈一些无关痛痒的是非，聊一些人生经验。茶馆的地位在这里总是不同于其他地方的，或是闲谈，或是聊聊生意……反正它有足够的包容度，能容下每一个来这里的人，不管他们出于什么目的。

以至于，成都的性子就这样慢慢形成了，“随风潜入夜，润物细无声”，好似一杯盖碗茶，一副麻将，在望江楼上逍遥，便是十分“巴适”的了。

匆匆行走，慢慢成都。嗅着凉凉的空气，闻着阵阵的麻辣香，在成都久了，你会不由地发觉，一座城市最耐人寻味的不在于名胜古迹，反而是这些路边、这些街头的细节最能燃起人们内心那微妙的情感。

目录

(一) 成都往昔：九天开出一成都

目录

二 成都古迹：山月不知人事变

目录

目录

目录

㊂ 成都山水：半入江风半入云

目录

目录

四 成都风情：锦城丝管日纷纷

目

录

㊀ 成都往昔：九天开出一成都

蜀都赋

[西汉]扬雄

蜀都，即今四川成都，在汉代因属蜀郡，故称蜀都。此赋描绘了秦汉时期成都地区的壮美山川和富饶物产。在文章中，作者罗列了众多蜀地的树木花草、鸟兽虫鱼、五谷蔬果，规模宏大，内容丰富，且具有一定的史料价值。

蜀都之地，古曰梁州。禹治其江，渟皋弥望，郁乎青葱，沃野千里。上稽乾度，则井络储精；下案地纪，则坤宫奠位。东有巴赍，绵亘百濮。铜梁金台，火井龙湫。其中则有玉石嶜岑，丹青玲珑。邛节桃枝，石鳣水螭。南则有犍牂潜夷，昆明峨眉。绝限岷嵣，堪岩亶翔。灵山揭其右，离堆被其东。于近则有瑕英菌芝，玉石江珠。于远则有银铅锡碧、马犀象僰，西有盐泉铁冶，橘林铜陵，邙连卢池，澹漫波沦。其旁则有期牛兕旄，金马碧鸡。北则有岷山，外羌白马。兽则麙羊野麋，罢犛貘貒，麡麈鹿麝，户豹能黄，狾胡蜼玃，猿蝙玃猱，犹豰毕方。尔乃仓山隐天，岎崟回丛，增嶡重崒，岫石巘崔。䔧嶷嵋嵬，霜雪终夏。叩岩岭嶙，崇隆临柴，诸徼崼岘，五硊参差，湔山岩岩，观上岑岩，龙阳累峗，灌槃交倚，崔崒崛崎，集崄胁施。形精出偈，堪峭隐倚，彭门嶋峣。岍嵾嵑岬，方彼碑地，崊岮嵑嶰，砾乎岳岳，北属昆仑，泰极，涌泉醴。凝水流津漉集成川。于是乎则左沈犛，右羌庭，漆水浡其匈，都江漂其胫。乃溢乎通沟，洪涛溶沈，千湲万谷，合流逆折，必泲乎争降，湖潧排碣，反波逆濞，砾石洌巇，纷茭周溥，旋溺冤绥，颓堑搏岸，敌呷碎濑，磴岩槛汾，忽溶阍沛。逾窘出限，连混陁隧，铚钉钟涌，声欢薄泙。龙历丰隆，潜延雷抶电击，鸿鸿康濭，速远乎长喻，驰山下卒，湍降疾流，分川并注，合乎江州，于木则梗栎豫章树榜，檐槵椫押，青稚雕梓，枌梧橿枥，槲楢木稷，枒信揖丛，俊榦凑集，枇桥栟楬，比沈樘椅，从风推参，循崖撮捼，溼溼溶溶，缤纷幼靡，泛闳野望，芒芒菲菲。其竹则钟龙箖篁，野篆纷皅，宗生族攒，俊茂丰美，洪溶忿苇，纷杨搔翕，与风披拖，夹江缘山，寻卒而起，结根才业，填衍迥野。若此者方乎数千里，于汜则注注漾漾，积土崇堤，其浅湿则生苍葭蒋蒲，藿芋青苹，草叶莲藕，茱华菱根，其中则有翡翠鸳鸯，袅鸬鹚鹭，双鹎鹔鹩，其深则有猵獭沈鳝，水豹蛟蛇，鼋蟺鳖龟，众鳞鳎蠵。尔乃其都门二九，四百余闾，两江珥其前，九桥带其流，武儋镇都，刻削成蔹，王基既夷，独侯尚丛，并石石屏。岍岑倚从，秦汉之徙，充以山东。是以陨山厥饶，水贡其获，苴竹浮流，龟鳖碛竹。石蝎相救，鱼酌不收，鵌鹖鸲凰，风胎雨彀，众物骇目，单不知所御，尔乃其裸罗诸圃欧。缘畛黄甘诸柘，柿桃杏李枇杷，杜樼栗柰，棠黎离支，杂以梃橙，被以樱梅，树以木兰，扶林禽，爚般关，旁支何若，英络其间。春机杨柳，裹弱蝉杪，扶施连卷，貆貕糖蛦，子觽呼焉。尔乃五谷冯戎，瓜瓠饶多，卉以部麻，往往姜桅附子巨蒜，木艾椒蓠，蔼酱酴清，众献储斯，盛冬育笋，旧菜增伽，百华投春，隆隐分芳，蔓茗荧翠，藻蕊青黄，丽靡摛烛。若挥锦布绣，望芒芒兮无幅。尔乃其人，自造奇锦，纨繏缍缬，缪缘卢中，发文扬采，转代无穷，其布则细绨弱折，绵茧成衽，阿丽纤靡，避晏与阴，蜘蛛作丝，不可见风，筩中黄润，一端数金，雕镂铅器，百伎千工。东西鳞集，南北并凑，驰逐相逢，周流往来，方辕齐毂，隐隐轸轸。幽褐，埃教尘拂，万端异类，崇戎总浓般旋，阓齐唶楚，百喉不感概，万物更凑，四时迭代，彼不折货，我罔乏械。财用饶赡，蓄积备具。若夫慈孙孝子，宗厥祖祢，鬼神祭祀，练时选日，沥豫齐戒，龙明衣，表玄縠，俪吉日，异清浊，合疏明，绥离旅。乃使有伊之徒，调夫五味，甘甜之和，勺药之羹，江东鲐鲍，陇西牛羊，籴米肥猪，麀麀不行，鸿羮𤡪乳，独竹孤鸧，炮鸮被纰之胎，山麇髓脑，水游之腴，蜂豚应雁，被鸧晨凫，戳鶃初乳，山鹤既交，春羔秋鼬，脍鲅龟肴，杭田孺鹭。形不及劳。五肉七菜，朦厌腥臊，可以颐精神，养血脈者，莫不毕陈。尔乃其俗，迎春送冬。百金之家，千金之公，乾池泄澳，观鱼于江。若其吉日嘉会，期于倍。□□春之阴，迎夏之阳，侯罗司马，郭范畾杨，置酒乎荥川之间宅，设坐乎华都之高堂。延帷扬幕，接帐连冈。众器雕琢，早刻将皇，朱缘之画，邠盼丽光，龙蛇蜿蜷错其中，禽兽奇伟髦山林。昔天地降生杜鄘密促之君，则荆上亡尸之相，厥女作歌。是以其声呼吟靖领，激呦喝啾，户音六成，行夏低徊，胥徒入冥，及庙噜吟，诸连单情，舞曲转节，踃驱应声，其佚则接芬错芳，襜袩纤延，踊凄秋，发阳春，罗儒吟，吴公连。眺朱颜，离绛唇，眇眇之态，吡唉出焉。若其游怠渔弋，却公之徒。相与如乎阳，濒巨野。罗车百乘，期会投宿，观者方堤。行船竞逐。偃衍撇曳，绨索恍惚，罗畏弥瀰，蔓蔓沕沕，龙睢瞑兮罧布列，枚孤施兮纤缴出，惊雌落兮高雄蹶，翔鹍卦兮奔萦毕，俎飞脍沈，单然后别。

蜀都赋

［晋］左思

《蜀都赋》与《魏都赋》《吴都赋》并称《三都赋》，均为左思所著。当时，人们为传抄此赋，导致洛阳的纸大幅度涨价，故有了“洛阳纸贵”之语。此赋不仅细致描述了巴蜀的物产、山川、风俗等，还描绘了当时此地豪门的宴饮生活，表现了蜀都的富丽雄宏。

有西蜀公子者，言于东吴王孙曰：盖闻天以日月为纲，地以四海为纪。九土星分，万国错峙。崤、函有帝皇之宅，河、洛为王者之里。吾子岂亦曾闻蜀都之事乎？请为左右扬搉而陈之：

夫蜀都者，盖兆基于上世，开国于中古。廓灵关以为门，包玉垒而为宇。带二江之双流，抗峨眉之重阻。水陆所凑，兼六合而交会焉；丰蔚所盛，茂八区而庵蔼焉。

于前则跨躡犍、牂，枕倚交趾。经途所亘，五千余里。山阜相属。含溪怀谷。岗峦纠纷。触石吐云。郁葐蒕以翠微，崛巍巍以峨峨。干青霄而秀出，舒丹气而为霞。龙池滈瀑濆其隈，漏江伏流溃其阿。汩若汤谷之扬涛，沛若濛汜之涌波。于是乎邛竹缘岭，菌桂临崖。旁挺龙目，侧生荔枝。布绿叶之萋萋，结朱实之离离。迎隆冬而不凋，常晔晔以猗猗。孔、翠群翔，犀、象竞驰。白雉朝雊，猩猩夜啼。金马骋光而绝景，碧鸡倏忽而曜仪。火井沉荧于幽泉，高焰飞煽于天垂。其间则有虎珀丹青，江珠瑕英。金沙银砾，符采彪炳，晖丽灼烁。

于后则却背华容，北指昆仑。缘以剑阁，阻以石门。流汉汤汤，惊浪雷奔，望之天回，即之云昏。水物殊品，鳞介异族；或藏蛟螭，或隐碧玉。嘉鱼出于丙穴，良木攒于褒谷。其树则有木兰梫桂，杞櫹椅桐，椶枒楔枞。楩柟幽蔼于谷底，松柏蓊郁于山峰。擢修干，竦长条。扇飞云，拂轻霄。羲和假道于峻岐，阳乌回翼乎高标。巢居栖翔，聿兼邓林。穴宅奇兽，窠宿异禽。熊罴咆其阳，雕鹗鴥其阴。猨狖腾希而竞捷，虎豹长啸而永吟。

于东则左绵巴中，百濮所充。外负铜梁于宕渠，内函要害于膏腴。其中则有巴菽、巴戟，灵寿桃枝；樊以菹圃，滨以盐池。蜮蛦山栖，鼋龟水处。潜龙蟠于沮泽，应鸣鼓而兴雨。丹沙赩炽出其坂，蜜房郁毓被其阜。山图采而得道，赤斧服而不朽。若乃刚悍生其方，风谣尚其武；奋之则賨旅，玩之则渝舞；锐气剽于中叶，蹻容世于乐府。

于西则右挟岷山，涌渎发川。陪以白狼，夷歌成章。坰野草昧，林麓黝儵。交让所植，蹲鸱所伏。百药灌丛，寒卉冬馥。异类众夥，于何不育？其中则有青珠黄环，碧砮芒消。或丰绿荑，或蕃丹椒。麋芜布濩于中阿，风连莚蔓于兰皋。红葩紫饰，柯叶渐包。敷蕊葳蕤，落英飘飖。神农是尝，卢、跗是料。芳追气邪，味蠲疠痟。

其封域之内，则有原隰坟衍，通望弥博。演以潜沫，浸以绵雒，沟洫脉散，疆理绮错。黍稷油油，粳稻莫莫。指渠口以为云门，洒滮池而为陆泽，虽星毕之滂沱，尚未齐其膏液。

尔乃邑居隐赈，夹江傍山。栋宇相望，桑梓接连。家有盐泉之井，户有橘柚之园。其园则有林檎枇杷，橙柿楟榛。榹桃函列，梅李罗生。百果甲宅，异色同荣。朱樱春熟，素柰夏成。若乃大火流，凉风厉；白露凝，微霜结。紫梨津润，樼栗罅发；蒲陶乱溃，若榴竞裂。甘至自零，芬芳酷烈。其圃则有蒟蒻茱萸，瓜畴芋区。甘蔗辛姜，阳茇阴敷。日往菲微，月来扶疏。任土所丽，众献而储。

其沃瀛则有攒蒋丛蒲，绿菱红莲；杂以蕴藻，糅以蘋蘩。总茎柅柅，裛叶蓁蓁。蒉实时味，王公羞焉。其中则有鸿俦鹄侣，振鹭鹈鹕。晨凫旦至，候雁衔芦。木落南翔，冰泮北徂。云飞水宿，弄吭清渠。其深则有白鼋命鳖，玄獭上祭。鳣鲔鳟鲂，鳀鳢鲨鲿，差鳞次色，锦质报章。跃涛戏濑，中流相忘。

于是乎金城石郭，兼帀中区。既丽且崇，实号成都。辟二九之通门，画方轨之广涂。营新宫于爽垲，拟承明而起庐。结阳城之延阁，飞观榭乎云中。开高轩以临山，列绮窗而瞰江。内则议殿爵堂，武义虎威；宣化之闼，崇礼之闱。华阙双邈，重门洞开；金铺交映，玉题相晖。外则轨躅八达，里闬对出。比屋连甍，千庑万室。亦有甲第，当衢向术。坛宇显敞，高门纳驷。庭扣钟磬，堂抚琴瑟。匪葛匪姜，畴能是恤？

亚以少城，接乎其西，市廛所会，万商之渊。列隧百重，罗肆巨千。贿货山积，纤丽星繁。都人士女，袨服靓妆。贾贸墆鬻，舛错纵横。异物崛诡，奇于八方。布有橦华，面有桄榔；邛杖传节于大夏之邑，蒟酱流味于番禺之乡。舆辇杂沓，冠带混并。累毂叠迹，叛衍相倾。喧哗鼎沸，则哤聒宇宙；嚣尘张天，则埃壒曜灵。阛阓之里，伎巧之家，百室离房，机杼相和。贝锦斐成，濯色江波。黄润比筒，籯金所过。

侈侈隆富，卓、郑埒名。公擅山川，货殖私庭。藏镪巨万，铲拟兼呈。亦以财雄，翕习边城。三蜀之豪，时来时往。养交都邑，结俦附党。剧谈戏论，扼腕抵掌。出则连骑，归从百两。若其旧俗，终冬始春，吉日良辰，置酒高堂，以御嘉宾。金罍中坐，肴槅四陈。觞以清醥，鲜以紫鳞。羽爵执竞，丝竹乃发。巴姬弹弦，汉女击节。起《西音》于促柱，歌《江上》之飉厉。纡长袖而屡舞，翩跹跹以裔裔。合樽促席，引满相罚。乐饮今夕，一醉累月。

若夫王孙之属，郤公之伦，从禽于外，巷无居人。并乘骥子，俱服龙文。玄黄异校，结驷缤纷。西逾金堤，东越玉津。朔别期晦，匪日匪旬。蹴蹈蒙笼，涉躐寥廓。鹰犬倏眒，罻罗络幕。毛群陆离，羽族纷泊。翕响挥霍，中网林薄。屠麖麋，翦旄麈；带文蛇，跨雕虎。志未骋，时欲晚；追轻翼，赴绝远。出彭门之阙，驰九折之坂；经三峡之峥嵘，蹑五屼之蹇浐。戟食铁之兽，射噬毒之鹿；皛貙氓于葽草，弹言鸟于森木。拔象齿，戾犀角；鸟铩翮，兽废足。

殆而朅来相与，第如滇池，集于江洲。试水客，舣轻舟；娉江斐，与神游。罨翡翠，钓鰋鲉；下高鹄，出潜虬。吹洞箫，发棹讴；感鲟鱼，动阳侯。腾波沸涌，珠贝氾浮，若云汉含星，而光耀洪流。将飨獠者，张帟幕，会平原；酌清酤，割芳鲜。饮御酣，宾旅旋；车马雷骇，轰轰阗阗；若风流雨散，漫乎数百里间。斯盖宅土之所安乐，观听之所踊跃也。焉独三川，为世朝市？

若乃卓荦奇谲，倜傥罔已。一经神怪，一纬人理。远则岷山之精，上为井络，天帝运期而会昌，景福肸飨而兴作。碧出苌弘之血，鸟生杜宇之魄。妄变化而非常，羌见伟于畴昔。近则江汉炳灵，世载其英。蔚若相如，皭若君平。王褒韡晔而秀发，扬雄含章而挺生。幽思绚《道德》，摛藻掞天庭。考四海而为儁，当中叶而擅名。是故游谈者以为誉，造作者以为程也。

至乎临谷为塞，因山为障。峻岨塍埒，长城豁险，吞若巨防。一人守隘，万夫莫向。公孙跃马而称帝，刘宗下辇而自王。由此言之，天下孰尚？故虽兼诸夏之富有，犹未若兹都之无量也。

成都府

［唐］杜甫

成都府，即今四川成都市。此诗是诗人刚来成都时的寄兴含情之作。前八句写诗人黄昏时抵达成都的感受。寥寥几句，表达了他初来乍到时的复杂心绪。后八句是入夜后的感受。成都虽好，却远离中原。

翳翳桑榆日，照我征衣裳。
我行山川异，忽在天一方。
但逢新人民，未卜见故乡。
大江东流去，游子去日长。
曾城填华屋，季冬树木苍。
喧然名都会，吹箫间笙簧。
信美无与适，侧身望川梁。
乌雀夜各归，中原杳茫茫。
初月出不高，众星尚争光。
自古有羁旅，我何苦哀伤。

一寸金·井络天开

[宋]柳永

诗人以赋的体例极力铺陈，上阙绘蜀地的自然风光、风土人情，下阙赞蜀地的治安管理。在景物风情的描绘、对句和典故的运用上，独具一格，让人感叹此地的繁华与安定。

井络天开，剑岭云横控西夏。地胜异、锦里风流，蚕市繁华，簇簇歌台舞榭。雅俗多游赏，轻裘俊、靓妆艳冶。当春昼，摸石江边，浣花溪畔景如画。

梦应三刀，桥名万里，中和政多暇。仗汉节、揽辔澄清，高掩武侯勋业，文翁风化。台鼎须贤久，方镇静、又思命驾。空遗爱，两蜀三川，异日成嘉话。

送黄子羽之任四首·成都

［清］吴伟业

成都，一座拥有数千年历史的文化名城，借用西周建都的历史经过，取周王迁岐“一年而所居成聚，二年成邑，三年成都”，得名成都，沿用至今。此诗是诗人赠友人入蜀之作，不仅言及成都的悠久历史，还盛赞成都的美丽风景和古迹。

鱼凫开国险，花月锦城香。
巨石当门观，奇书刻渺茫。
江流人事胜，台榭霸图荒。
万里沧浪客，题诗问草堂。

成都是一个古城

李劼人

本文概述了2000余年来成都的兴衰变化，不仅脉络清晰，而且所涉及的一些近现代史料，多是作者亲眼所见或亲身经历过的，史料价值显著。而今，人们想要一窥那个特定时代的成都细节，在他那“史诗般”的记述中，都可一一寻到。

成都是中国西南部一个古城。还在三千多年前的部落时代，已有相当高的文化。那时部落号为蚕丛氏，国名叫蜀。蜀就是蚕蛹的古义。以氏族和国度名称来看，可说中国蚕丝的发明便在这地方。

蚕丛氏时代的蜀国幅员相当庞大。川西大平原是它的根据地。但那时川西大平原尚是一片沼泽地带。由灌县漫溢出来的岷江江水，尚无一定流过河床。所以在蚕丛氏以前的部落号为鱼凫氏，它的意义就是说明了那时代的人民还生活在水中。

蚕丛氏后为开明氏。这时的蜀国与秦国有了交通。公元前三一六年，蜀国在秦岭南部开辟通道，可以驰行车马。之后，秦国遂派大兵侵蜀，灭开明氏。那时统率大兵的是秦大夫张仪和司马错。

蜀灭之后，张仪和司马错为了统治和镇压土著人民，便相度地势，在重要地点筑了三座土城，专门用来屯驻军队和官吏。这三座土城，一为邛城，在今邛崃县；一为郫城，在今郫县；一为成都城，在今成都旧城内。据书籍所载，成都城因土质恶劣，筑成了又圮，圮了又筑，直到公元前三一〇年方才筑成。并因曲折不规矩颇似龟形，故在早又叫龟城。后来不知在何年代又在龟城之西筑了一座较小的城，用来居住平民和商贾，称少城。龟城称为大城。

尚在秦朝时代，蜀国改为蜀郡。曾有一郡守李冰是中国历史上有名的治水专家。他在四川的功绩人人皆知。治理灌县的都江堰，成都城外的两条河也是他疏治的。于是，四川西部平原的积水才有固定的排泄河床，并成功建了沟渠网。成都城外两条河因地形关系都是由西北并流向东南，到今九眼桥地方才合而为一。从这时起，交通更为方便。秦朝时代最为考究的能走四匹马并排拉车的"驰道"，已纵横于川西地方，手工业也因此发达起来了。成都城南便有了两处手工业集中的小土城，一为专门造车的车官城；一为专门用川西特产蚕丝制锦的锦官城。经过若干年这两座城都消灭了，但因制锦为成都特殊的手工业，故成都又称锦官城，简称锦城，并把城外两条河之一称为濯锦江，简称锦江。其余一条呼为流江，又呼沱江。

到西汉武帝时代（公元前一四一年至公元前八七年），为了沟通西南少数民族（即今茂县专区、西康、云南、贵州省的大部分），以成都为重点，遂在公元前一一五年扩大成都大城、少城。经以前少少几道城门开辟为十八门，而使四川许多地方都筑了城，并以成都为模范，造了许多防御工事，如楼橹雉堞之类。

西汉之末，中国大乱。公孙述据蜀称王（公元二四年）。到公元三六年为东汉大将吴汉所灭。这是成都建城后第一次城下之战，也是第一度作为帝王之都。

成都第二次作为帝王之都是在魏、蜀、吴三国鼎立时代。从蜀汉先主刘备于公元二二一年攻入成都算起，到公元二六三年后主刘禅出降于魏国大将钟会之时止，成都作为蜀汉都城四十三年。

直到现在尚确可指为蜀汉遗迹的只有公元二二一年刘备筑坛即皇帝位于五担山之南的那座差不多已将坍平的、由开明时代遗留下来号称五担山的土丘和可能作过蜀汉丞相府第中的一口水井，即今东城锦江街的诸葛井，以及曾经是蜀汉丞相诸葛亮的桑园，并且是刘备的陵墓所在，即今城南外面的武侯祠和昭陵（一般称为皇坟）。

蜀汉时的成都，仍然是大城少城两座城，仍然是大城住官吏，少城住平民商贾。蜀汉的宫殿也在大城。当时蜀汉全国人口不上二百万，成都是国都，据估计两座城的人口绝不会超过十万。这是张仪筑城之后五百七十年中人口最盛的一个时期。

成都第三次作为帝王之都，是在公元三〇四年到三四七年，当中国西晋到东晋的时候，也是四川尤其是成都在历史上最为衰败的一段时间。那时正是少数民族散处中国，纷起割据，由陇西侵入到四川来的巴西氐人李氏。侵入原因是由于饥荒，侵入人数不过三万。李氏夺得政权自立为蜀主，当地人民不能相安，四川土著曾经一次举族流亡到湖南湖北等地去的便达四十万家。因此，川西平原和成都人口在这四十三年中减少得很厉害。所以在公元三四七年东晋朝大将桓温溯江伐汉时，如入无人之境。并且在灭李氏之后，便因成都人口太少，用不着分住两城，仅保留了一座大城，而将少城拆为平地。这是成都筑城以来第一次大变更。经过二百三十五年的南北朝，虽然变乱频频，但四川却因是边疆地方，尤其是成都偏在西陲，没有遭到许多大兵灾，人口反而渐渐增多了。因此，隋统一全国之后，在公元五八二年，隋文帝杨坚封他第四子杨秀为蜀王兼益州总管。他到成都时，便感到一座城太小。据书籍记载，杨秀遂附着大城的西南，增筑了一道城墙，说是“通广十里”，也称少城。不过与秦汉时少城不同之处在于附着大城而非与大城相犄角。杨秀所筑少城，也是土城，而所取土就在少城内。取土既多，其地遂天然成为一个大池，名摩诃池，在唐宋时是有名的胜境，不亚于今天北京的三海。元、明时，已渐淤塞。清代二百八十多年中还剩有“水光一曲”。最近四十年来，已无踪影，只是摩诃池的名字还在。成都在唐宋二朝都是中国西南部一个大都会。当时在全国最富庶繁荣的，一是扬州，一是成都。尤其在唐玄宗李隆基时代（公元七一三年到公元七五五年），所谓天下四大名城（长安，成都，扬州，敦煌），成都便居第二。成都恰又处在当时首都长安之南，故在李隆基逃避安禄山之乱，迁居成都时，还一度将成都改称为南京。稍后中国大诗人杜甫从甘肃避兵到成都，所作诗还题为“南京道上”。而且唐朝二百九十年中（公元六一八年到公元九〇七年），西川节度使大都是由负有全国威望的大臣出任。又因常与西藏云南少数民族作战，今天的茂县专区和西康省的西昌专区，都是那时的战场，成都是兵粮转运据点，故又是当时的重镇。在公元八五七年南诏国（今云南省大理地方的白族，后即更号大理国）大兵从会理、西昌越过大渡河，由宜宾、乐山沿岷江攻到成都城外，大肆杀掠，四郊人民避入城内，不但无屋可居，据史书言，连摩诃池的水都喝干了。南诏兵围城一个半月，才被战败向新津退去，这是成都遭受兵乱的第一次。又在公元八七四年南诏大兵又进攻，前锋达于新津县，成都又一度恐慌，四郊居民又纷纷入城。据史书载："数十万人蕴积城中，生死共处，污秽郁蒸，将成疠疫。"这是成都遭兵乱的第二次。距上次不过一十七年。因此，在公元八七五年，唐朝大臣高骈调任西川节度使到成都，把南诏兵逐回大渡河南岸之后，便建议在成都城外当西南一面，再筑一道罗城。

这时成都城只算是一座城。原来的大城和杨秀附着西南增筑"通广十里"的少城，已是混而为一，通名为子城。虽然比起原有一城大了许多，但其中既容了一片很大的摩诃池，又因唐朝信奉佛教、道教，在城内修建了许多占地极大的崇宏寺、庙、观、宇，如今天尚部分存留的大慈寺、文殊院，已经没有了的石牛寺、严真观、江渎祠，便是一例，因而容纳人民居住的坊和作商业交易的市，便非常不够。即在两次遭受兵乱以前，当公元八〇〇年前后韦皋作西川节度使时，便曾在南门内外锦江之南修建过一片可容纳一万户的"廛闬楼阁"，名为新南市。但据史书记载，人口的增加也不能拿今天的情况来推想。因为就在唐朝极盛时代，全中国人口不过五千一百多万，四川绝不会占其十分之一。因为在公元九六五年，后蜀主孟昶投降北宋时所缴的户籍才五十万四千零二十九户，从前的户要大些，平均每户八人计，也不过四百二十余万，即以十人以上计也不过五百五十余万。但唐朝末年和五代时候，还因中国大乱，四川是比较安定的地方，长江一带和陕西甘肃等地许多人家不断逃到四川，所以才增加了那么多人口。据这种理由来估计，在唐朝的四川人口绝不会达到四百万。成都固然是繁华地方，也是重镇，那时的人口也不过是占总数的二十分之一。所以当两次兵乱，四邻居民纷纷躲入城内，连摩诃池水都不够供给，然而据史书记载也止“数十万人”而已。

就因为连二十万人都不够容纳的成都之城，所以在公元八七六年高骈便相度地势在西北角上先筑了一道长九华里的高堤，即今天的九里堤，当时称为縻枣堰。把原来的两条像衣带一样的、经由西北流向东南的内面一条河流，即称为流江又名沱江的，从这堤下另掘了一道河床，使它分由西北向正北绕正东流向今天的九眼桥，与剩下的那条外面流的锦江仍然在今天安顺桥口合流。其次，便在干涸的河床南岸，用当时由四郊坟墓掘得的砖石，砌成了一道周长二十五华里的罗城。

成都在唐朝时已很繁荣了。连在罗城内所修建的人民居住的坊，即今天所称的街，共有一百二十坊。有东南西北中五处商业交易的市，有全国驰名的手工业如蚕绵织锦，制药、花笺纸绢扇等。但它极盛时代尚不在唐朝，而是在从公元九〇七年到公元九六五年，五十八年的五代时期。在此时期，四川前后有两个独立国，都称蜀国。前一个称前蜀，为唐朝大将王建于公元九〇八年称帝，至九一八年病死，其子王衍即位，至公元九二五年被后唐所灭，计立国十七年。后蜀为后唐大将孟知祥于公元九三四年称帝，九三五年病死，其子孟昶即位到公元九六五年被北宋所灭，计立国三十一年。

前后蜀都城都在成都。故成都可算是第四第五次的帝王之都。

这四十八年中，成都的繁荣可谓达于顶点。所以致此的原因，第一，由于四川，尤其成都不像中原和其他城市遭到不停息的战争。第二，四川的财富不但不曾外溢，而且还以四川的特产、尤其是织锦之类，换入许多财富。第三，前后蜀国的两个后主都爱好文艺逸豫，朝野之间，形成一种享乐风气。第四，赋税较轻，劳役较省，人民较安定。第五，前后蜀的灭亡都没有经过城下之战。在这时期中，成都最为显著的事件有：一、孟知祥时为了加强外御，又在罗城之外加筑了一道比较低而不很厚的土城，用以限制骑兵驰突，当时名羊马城。长四十华里，从东北角起逶迤到西南角止，一则东南西面限于河流不易兴筑，二则也因外患之来止在西北二面。但筑城之后未使用。到孟昶时作为花坛，沿四十华里的土城上种了无数的木芙蓉，甚至连旧有罗城上都种遍了，秋来开花，斓如云锦。故成都又称为芙蓉城，简称蓉城。

二、从王建起就着意兴建宫室苑囿。他们两代帝宫都在唐节度使公署内，即今天成都市人民政府所在地。不过那两代规模却大多了。从今天东顺城街以西，几乎半个成都城的地方都是。似乎是比今天北京清朝故宫和三海还要富丽优美的宫苑。从当时一位著名女诗人，即孟昶宠爱的小徐妃的一百首宫词中可以看出。除了原有摩诃池更加扩大外，还在今天半个少城地方掘了一片更大、更曲折、优美，并且具有岛屿、浦、溆、台榭楼阁等许多仙境似的龙池。而达官贵人的园林也到处都是，此外还有供平民大众游玩的胜境，如高骈改流以后那一条包在城内的无所用之的河床，便改为一片名胜的江渎池（即今天从南校场经由上莲池、中莲池，直到新南五门之西，所谓下莲池那一大带市街的地方）；还有崇楼杰阁的五担山；西门外的浣花溪、百花潭；还有东门外的合江亭、梅园、东山；东城角外的千顷池；北门外的宣华苑、威凤山、学射山等，都是可以四时去游玩之处。许多地方虽在宋时更为著名和美化，但建基却在这五十八年比较承平的时候。

三、文学艺术盛绝一时。这是因为成都在文艺方面本有良好基础，加以那时中国大乱，许多文人艺匠都避乱来到了成都，启发了许多新的东西。今天从书籍所载确可考出的，第一是雕刻书版，在当时不但只有成都有此一门艺术，而且传到今天，还是以那时蜀刻木为最精美。只要得到一页半页，便珍若拱璧了。第二是绘画，无论是画在绢上，纸上，壁上，都以成都为最好，为最多。尤其壁画，除宫殿中的外，凡画在各寺、庙、观、宇壁上的都有记载，可惜从北宋起，历经变化，大都无存了。第三是诗词的著作，那时只有在江南的南唐才能与之匹敌。就在今天，讲五代文学，也不能不以西蜀南唐作代表。

成都在公元九六五年到北宋，仅仅二十九年，便遭了一次大兵灾。据史书言，是由于北宋认为蜀地太富庶了，灭蜀之后，除将孟氏所搜刮储积的财富都全夺去外，对于蜀地人民复想出各式各样花样来尽量剥削。平民百姓简直活不下去了，于是青城县（即今青城山一带）一个平民王小波便率众反抗，不久王小波病死，众人推李顺为领袖，继续作战四年，于公元九八四年攻入成都。可惜李顺仍不免陷于历史上农民革命的规律，一入成都便忘了起义的目的，而称大蜀王登基改元，以四个月的悠长时间，坐等宋朝官吏调兵遣将反攻进成都，把他捉住了。这次战争中，城市破坏很大，许多好的建筑物烧毁了，许多难得的文物艺术也破坏无存。尤其古今无匹的壁画，所余也不到一半。但是不到五年，即公元一〇〇〇年初，又遭一次兵变。起因是由于统兵官歧视土著士兵，待遇不平，土著士兵愤而生变。打了八个月，使宋朝官吏很吃了些苦头，几乎从新都方面一里一里地攻到成都城外，又费了许多劲攻入罗城（是时羊马城已经颓圮了），又几乎是逐坊逐巷地才从北门攻到南门，奔出南门完事。经过这次激烈巷战，对城市破坏更大。据宋朝人笔记说：自此以后，由唐朝到宋朝初积累下来的文物几乎百不存一，数十年前营造得像仙景似的摩诃池，龙池，在北宋时已荒芜，到南宋便渐渐淤塞。据一位爱国诗人陆游说，许多地方已经变为“平陆”。

不过在整个宋代（公元九六〇年到公元一二七九年），成都也还有它特盛处。第一，织锦手工业特别发达，并全部为官营。因为宋朝朝廷要利用这种特种手工艺品去博取辽、金、元人的欢心，并用它去掉换马匹。第二，雕刻书版愈多愈好，始终居当时临安的这项手工艺之上。第三，花笺纸也继续着唐朝余绪，未曾衰败。第四，城市建设除了前后蜀的宫苑限于当时体制未能恢复旧观外，其他很多名园胜境似乎比唐朝还要多些、好些。第五，城内河流除唐朝已开辟的一条金河外（即今天的金河，稍有变更），还开辟一条解玉溪（明末已淤为平陆），解决城内饮水、交通、消防问题。第六，创始地在“红尘涨天”的土路面上铺石板为全国各大城市取法。这都是由于三百年间除了宋初两次激烈巷战外，并未经过大变乱，只管黄河、淮河流域，长江中下游，襄河秦岭等处有过若干次大战，而四川内地尤其成都到底还是小康地方，人民比较得以安宁之故。

从公元一二二五年起，蒙古兵曾三次攻占成都。直到公元一二五八年元人才在成都树立了基础。蒙兵入城之初，杀戮破坏都很厉害，后来安定后也没大的恢复。而且，据书载当时科差繁重，而就戍往来者扰民尤重，且军官或“抑良民为奴……”充分说明了当时四川，也是成都人民的痛苦情况。可这一百余年当中，成都是再度衰败了。

公元一三五七年（元朝末年），四川政权转移到一个湖北起义农民明玉珍手。明玉珍死于一三六六年，其子明升承继，至一三七一年为明所灭。到公元一三七三年（时明已取得四川），曾两度修复了颓圮不堪的城墙。大概城墙范围仍然照唐宋传下来的一般大小或小有修改，但已不可考了。只是唐宋时在正北、正西、南这三方面是两重城墙，故有子城、罗城之分。而从明朝起，便仅止是一道砖石土混合筑的城墙。

公元一三七八年朱元璋封他第十一子朱椿为蜀王，并在一三八〇年大修城墙时起，派人在五代前后蜀国宫苑遗址上，即是在摩诃池的东边，即今天成都市人民政府所在地，给他修了一座藩王府第。虽然规模比五代时宫苑小，但以今天街市情况考起来，还是相当大的。北起今天骡马市街，南至今天红照壁街，东至今天的西顺城街，西至今天的东城根街，以今天成都街道来看，恰在城中心占了个大长方形地方。藩王府有两道城墙，内面一道在今天正在恢复的御河内沿，正南有三洞城门，一座名端礼门，上有两重城楼。此门楼今已修复，不过比原样低了三至四尺。上半截的龙形琉璃砖瓦更无法恢复。门楼还未修复。当明朝时这中间有十几殿，很多崇楼杰阁，并有比往昔小一些的摩诃池。外面一道墙名夹城，只有东、北、西三面用以隔绝平民百姓。内城之外，夹城之内为园苑。但在明朝中叶有一位蜀王还越前夹城范围，修建了一些别馆，今天在西顺城街南段之东已变为中心菜市场的安乐寺，和北段之东处在鼓楼南街，今天已改为交通所和商业所的一部分的太平寺便是一例。南面端礼门之外，原有拱桥三道，跨于御河之上。再南又有大桥三道，跨于金河之上两侧。当东御街口上原有鼓吹亭两座名龙吟和虎啸亭，一九五二年修建人民南路始发现二亭石基。大三桥之南有长达二十余丈的影壁一座，故此街称为红照壁，在一九二五年方为当时军阀拆卖无余。

从明朝起，成都又渐渐繁荣起来。丝织特产在元时也未消灭，到明朝因为民生安定，需要量大，便又兴旺了。其他许多内外销的手工业品也是这样。故成都在明朝除了藩王府建筑外，其他官署寺庙园林名胜一般地都修得很好，尤其在今天的华西坝和新村一带，是当时最有名的中园，梅花极多，并有唐宋遗留下来的号称梅龙的古梅。虽然明朝二百七十五年间四川别的地方发生过几次战事，但成都还是安静的。不过那时成都人口也并不多，因为城市并没比宋时大，而城内也是除了藩王府占去一大片地面外，东城一个大慈寺就有九十六个院落，西城一个圣寿寺就占去今天少城南面一大半，北门除了五担山和今天的文殊院外，东北角还有一个绝大的益州书院。此外，官署也大也多。而为人民居住处和商场所用的地方很少，而且限于体制，平民百姓的房子大都是平房，没有高楼。以此估计在明朝算是复兴了的成都，它的人口也不过十万上下，顶多十五万罢了。

明朝复兴的成都是在公元一六四六年上半年被消灭的。事情是由于张献忠。因为大半个四川既为明朝和各地土豪据守着，不但不能征取，而且颇有联合起来向川西进逼之势。同时清兵业已进入山海关，与他同时起义的李自成退出北京，撤向山西陕西，有向湖北发展的情形。他便率领大军想由川北去湖北。但他恨极敌人，故决计绝对不留一人一物给敌人。因此，在公元一六四六年初开始有计划地将成都和川西平原上所有未曾跑散的人民都集中起来，所有城墙都拆平，所有房屋东西都烧毁。单以成都而言，在他彻底破坏了六个月，将人民和军队一起带走后，城内城外几乎全光了。古代的遗迹只剩下五担山和金河以及城外的邱陵河流，那是无法变更的。至于人力建设的只有藩王府的端礼门，跨越金河的三座大桥，桥南两只大石狮，一道影壁，这都是明朝的建筑。有些较古艺术，如铜铁佛像等，大抵在他攻入成都时埋藏在土内，尚零星保存了一些。据书记载，就是公元一六四六年起一直到公元一六五九年，十三年中成都是一片荒芜。城内只有野兽而无一个人的踪迹的。到公元一六五九年清四川巡抚高民滕奏请将省会由阆中仍移成都，才开始有了人烟。城墙和房产才因陋就简逐渐修建。到公元一六八三年，据当时最可靠的记载说：因为奖励外省移民到此的结果，城内“通衢”才有了“瓦屋百十所，余皆诛茅编竹为之，而北隅则颓垣败砾，萧然惨人”。这是在大破坏之后三十七年的景象。又经十五年到公元一六九六年，距大破坏后又五十年了，据书籍所载，成都的“人民廛市”已增多，然而也不过几千人口瓦屋数百家而已。

成都的恢复是在公元一七一六年前后，才陡然增加了进度。一是地方安定，出产丰富，生活较易，使人民住得下去。二是交通不便，因而凡是从前作官吏、商贾的外省人，到成都一住定就不愿再走。三是这一年清朝为征伐西藏，从湖北荆州调来满洲蒙古兵二十四旗，一千五百名连同家属约计六千人到成都来协助后防，后来就驻成都，因而人口疾遽增多。其次是公元一七七五年清朝对大小金川的用兵，公元一七九一年对廓尔喀的用兵及那时前后十几年川北、陕南、鄂西白莲教的战争，成都一直是大后方兵粮转运据点。求名、求利、求安定生活的都麇集于此，故成都又很快复兴起来，但距大的破坏之后，也经过了一百四十五年。过此，每逢四川省内外一次变乱，成都人口就有或多或少的增加，一直到对日抗战发生以后也没有变更这条规律（所以成都人口全都是外来客籍）。故成都这地方在公元一九四九年以前，无论怎样繁荣，人口怎样增多，到底是个消费城市。虽然它也有相当数量和不少的手工业（但从历史上传留的手工艺如织锦、制花笺纸、制扇等，经战争的消灭，特别是张献忠那次破坏，果真就消灭了），却始终进入不到大的手工业生产。

在清朝时代（从公元一六四四年到公元一九一一年），成都比较可说的建筑物计有：

一、大城城墙。据公元一八七三年重修的成都县志载，第一次修复在公元一六六二年，系土筑，周长二十二里三分，计四千零一十四丈（旧营造尺），高三丈又八尺，厚一丈。东西南北四门，外环以壕。第二次大改修由当时四川总督福康安奏发币银六十万两，全部用大砖大石砌成，从公元一七八三年开始，经过三年到公元一七八五年竣工。据同一成都县志载：周长二十二里八分，计四千一百二十二丈六尺，垛口八千一百二十二垛，砖高八十一层，压脚石条三层，大雉房一十二座，小雉房二十八座，八角楼四座，炮楼四座。四门城楼顶高五丈。又记说在一八六二年四角添筑了小炮台二十四处。周围的城壕也浚深浚宽了。

二、贡院。公元一六六五年，四川官吏奏请就明朝旧藩王府原址改修为三年一次的，由全省秀才考取若干定额举人的考试院。因为考取举人要于当年贡到北京去考进士，故又称贡院。各省贡院也一样有至公堂，明远楼，但都没有成都的崇宏伟丽。因为成都贡院的至公堂是就明蜀王府端和殿原址建成，明远楼就是端和门原址建成。一六六五年以后，曾有若干次重修补修，以公元一七四五年增修为最好。以今天成都市人民政府大礼堂（即至公堂改建的）外那一座有石刻乾隆十年御制诗的石坊为例，足见一斑。贡院最后重修是在公元一八六三年，成都县志上有所记载，特录于下：“同治元年壬戌，各大宪因贡院多所倾圮，通省筹款，彻底重修。以二年癸亥三月创始（即公元一八六三年），越三年甲子七月告竣（即公元一八六四年），共成堂楼院所大小五百余间，如明远楼、至公堂、清明堂、衡文堂、文昌殿及监临主考提调、监试、内外帘官住院，虽牵循旧制，但高大宏敞。又添建弥封所一院，抄录房十五间，受卷所、布科所共十余间，统用银七万两有奇。”只是没提到每三年秀才们最欣喜而又最烦恼的仅仅三尺高，照千字文编了号的一长列一长列用木板钉成的考棚子一万三千九百三十五间。但贡院范围已比蜀王府为小，御河之外，已是民居，仅止端礼门外直到红照壁，在科举未废，贡院未改为学堂以前犹留下一片大广场，平时客人搭棚小贸。到科举时就必须拆光，故后来三桥以北虽已改称贡院街（即今天人民南路的北段），但至今一般人尚呼为皇城坝。

三、满城。在清朝恢复成都大城墙时，仍照明时的规模，在原有基础上修建了一个完整的城。公元一七八一年，因有荆州调来之满洲蒙古兵丁及其家属要长住成都，为防御和镇压汉人和边疆少数民族，便在大城西部修了一道较为低薄的砖墙，一般称为满城。《成都县志》说：满城“周四里五分，计八百一十一丈七尺三寸，高一丈三尺八寸。门五：御街小东门（今天祠堂街东口与西御街正对）；羊市小东门（今天东门街东口与羊市街正对）；小北门（在今长顺街北口与宁夏街正对）；小南门（在今小南街南口与君平街斜对）；大城西门。城楼四，共十二间（只小北门无楼）。每旗官街一条，披甲兵丁小胡同三条。八旗官街共八条，兵丁胡同共三十二条”。满城修建当时是有整个计划的。据书籍载：凡划入满城区域内的汉人官署和住宅，一律迁移到大城。满洲将官一家占地若干平方丈，骑兵、步兵每家占地若干方丈，都有一定制度。甚至房屋修建格式高低也是定制划一了的。在今天成都街道图上，还可明显看出长顺街是一条主要大街，俨然如鱼的脊背，几十条胡同分列东西，俨然若鱼刺。在公元一九一二年革命后，打破满汉界限，改称满城为少城，改胡同为街巷以来已经变了，变得顶厉害的是把一个近二百年的极为幽静的绿荫地区变为个极不整齐、杂乱而不好整理和改建的住宅区。

四、河流沟渠。清朝时代成都建设最足纪录的便是金河、御河的随时修理疏浚。考明朝时候成都城内除金河御河外，还有一条是在金河入城后分出一支绕由中城东流到铁板桥仍合于金河；还有一条是从西北城角流入、横经北城向东，在今天落虹桥处出城。这两河可能都是宋朝的遗迹，到清朝都淤塞了。有些变成没水道的大塘，叫滹塘，有些变为洼地，叫滹坝。后来便只剩下一些桥名湖名。但就这仅有的金河、御河而言在清末前，不惟是成都城内风景河流，且对于交通、饮用、消防都发生过一定作用。其次是沟渠（即今天所称下水道）。当时的官沟即干沟是全用条石砌得相当深广的。以前的官沟图有二份，一存成都府衙门，一存藩台衙门内，至清末都不存在了。据老人言，以前的官沟也是分北城中城南城三个系统，独满城没有官沟，不知何故。三个系统的总汇在今天劳动人民文化宫西侧，当时各大阳沟和今天的沟头巷一带。据说六十年前，即当公元一八九〇年时候，那带总沟还像小溪一样，水流涸涸。也从那时起，政治更趋腐败，官吏只知贪污。以前的一些善政，没能维持，加以成都人口日益增加，地面使用迫切，当时腐败政府既没规划也不干涉，一任私人侵占，因此河流就越来越窄，原有两岸都变成屋基，官沟就越退越后。原规定官沟以外的公地都是商店和住宅，不惟街道变为小巷，而且从宋朝以来一直没有遭过洪水的城市，在公元一九〇九年和一九一〇年竟两次因为河流沟渠不通畅，而且在豪雨之后，许多较低房屋都曾被淹过好几天。

清朝一代成都人口，在公元一九一〇年前无统计。直到一九一〇年，成都已经开办了几年警察，做了一次户籍调查。虽不很精确，大体还可靠。据正式发表数字，在城内为二十七万七千二百零三人，在城外的

（当时只有北门外、东门外多一些街道，南门外较少，西门外更少），为三万七千七百七十一人，共计三十一万三千九百七十二人。也因仅止为数二十七万多人，城内便显得十分拥挤，许多园林胜地都被破坏，变作住宅，许多菜园荒地及城脚淖坝都变成了低帘矮户、简陋污秽的若干小街巷。因此更足以证明唐宋明三代时候成都人口总之从不可能超过十五万。

由公元一九一二年起推倒清朝专制统治后，直到一九四九年年底解放时止，三十八年当中，成都的变化太大，但不是变好，而是向坏的方向走。虽然在清末时候已渐渐有了一些小型的机器工业，如造枪弹的兵工厂，造纸厂，造银元、铜元的造币厂，也渐渐有了一些现代设备如有线电报局，直流电发电公司等，但毕竟由于没有铁路，没有重工业，创造不出有利条件。更由于一九一一年以后军阀的争权夺利，有人统计从一九一三年起四川省的军阀土匪的战争便达四百多次。成都是一省的政治中心，凡有野心的军阀都想霸占它。因此，争城之战（连围攻和巷战在内），前后大小有二十多次，对日抗战期间日本飞机前来轰炸又若干次。每次焚烧杀掠的结果，还是人民吃亏，而且长期处在被帝国主义经济势力、军阀的武力压迫和剥削阶级压迫之下，人民日益穷困。而军阀政客匪徒特多，投机倒把的奸商们只知自私自利剥削压榨，过着腐化堕落生活，根本不想建设。所以在此段时期中，总的说来，成都是继西晋末巴西氐人李氏入侵之后，是继宋末蒙古兵侵入之后，是继明末张献忠夺占之后第四次衰败了。不过这次衰败与前有所不同处，是看起来好像有些小小的建设，但事实上都是甚至都破坏了。例如：

一、大城城墙。这是从一九二四年开始被破坏的，直到现在一大半已成了摇摇欲坠的黄土堆，一小半已不完整，现在尚未决定如何处理。

二、满城之墙。从一九一三年就陆续拆毁了。原来墙基已改为许多街道，今天的东城根街就是其间一大段。

三、皇城城墙。从一九二七年破坏，现在只剩一座三洞城门，还是一九五一年初才彻底培修，成为今天的模样。但城门的楼还未设计。

四、贡院内部和红照壁。红照壁系一九二五年拆毁的。贡院是从一九〇六年科举废后就改为若干学校和一所官署。从一九一五年起，几次改为官署，并曾作过两次战场，最后划为四川大学校舍。抗日战争起后，四川大学迁走，曾遭日本飞机轰炸，原有建筑物被毁不少，一般平民遂移住其中。到一九四九年解放之初，整个贡院除一部分仍是实验小学，一部分改为博物馆，一部分驻公安部队外，几乎全为私人霸占，并化为几千家贫民窟。一九五一年，成都市人民政府迁入后，始逐渐建立一人民新村将贫民移去，并首先将半圮的至公堂改为大礼堂。其次将博物馆移到人民公园，整修了明远楼作会议之用。一九五二年底复将部分贫民移去新村，以那地段建修一个可容纳五万观众的运动场。

五、金河和御河。金河早已变成一道窄窄的阳沟。到一九五二年整修人民公园时，始将祠堂街的一段加以整理，祠堂街靠金河西的铺房西头一段是一九一五年以后修建的，东头一段是一九四一年修建的，把一长段金河风景破坏了。御河是一九一二年起便逐渐为人侵占，创成无数条极其卑陋的小街巷，是成都几次大瘟疫的发源地。现在已着手修复。

六、沟渠街面。官沟系统自清末业已紊乱，难于清理，但总沟尚部分完好。从一九二四年城内开始修建马路，始完全破坏。也从这时起，城内街面才渐渐拓宽，将全城石板街面完全改为三合土路。但拓宽街面并无整个计划，两畔街房有在三年中拆让到五次之多，使人民财产浪费不少。因而改修的街房都甚为简陋。现在几乎半数都成为危险建筑物。路面也因偷工减料之故，几乎无时无刻需要修补。雨天烂泥满街，晴天尘土飞扬，使成都成为一个不清洁的城市。现在下水道和路面工程已经有计划地开始了。

七、全城所有的中等庙宇、名胜古迹、大会馆、大官署都是从一九二四年起逐渐被侵占被破坏，被改修成私宅、大街、小巷、弄堂式的租佃小屋和贫民窟。如臬台衙门修为春熙路，藩台衙门为藩署街、华兴东街和几条弄堂与私人住宅（今天四川日报社的房子便是其间的一部）。从唐朝著名的江渎庙改修为弄堂房子（现改为卫生学校），上、中、下三个莲池都填平了，修成大型住宅和若干小街。这太多了，举不胜举。

总的说来，成都在解放前确是在向坏的方面变。以前良好的具有民族风格，历史意义的建筑物，无论公的私的，全都受了殖民地码头建筑的恶劣影响，而向坏的方面变。虽然成都是有二千四百多年历史的一座古城，就因为在历史上经过三次的衰败时期和近三十八年的无意义的破坏，它需要重新建设，需要有规划的，某些可以恢复，某些可以不恢复，全面地使它发展成一个适合将来环境条件的现代化城市。

成都的一条街

李劼人

本文详细论述了人民南路的历史变迁。这是成都最早、最宽阔的道路。作者借由此路，想要传达出一种新中国蓬勃向上的精神和成都人民对美好未来的向往。

我要讲的成都的一条街，便是现在成都市人民委员会大门外的人民南路。（按照前市人民政府公布过的正式街名，应该是人民路南段，但一般人偏要省去一字，叫它人民南路。这里为了从俗，便也不纠正了。）

要说明人民南路的所在，且让我先谈一谈旧成都的形势。

目前正在带动机关干部、部队、学生、居民、农民，分段包干拆除的旧城墙，是一个不很整齐的四方形。据志书载称，周围二十二里八分。因为从前的丈尺略大，最近据成都市城市建设委员会测量出来，是二十四里二分多（当然是华里）。又志书载称，这城东西相距九里三分，南北相距七里七分。

成都说起来是个古城市。若果从战国时候秦惠王灭蜀国、秦大夫张仪于公元前三一〇年开始建筑成都城算起，它的确已有二千二百六十八年的历史。但是，成都城随着朝代的变更，它也变了无数次，始而是大小两座城，继而剩下一座城，后又扩大了变为二重城、三重城，后又变为一座完整的大城。今天的规模，是唐僖宗乾符三年（公元八七六年）高骈做西川节度使时建筑唐城的规模。可是现在拆除的城墙，不但不是八世纪的唐城，也不是十三世纪后半期的明城，甚至不是张献忠之后、清朝康熙四年（公元一六六五年）所重修的城，而实实在在是在清朝乾隆五十年（公元一七八五年）彻头彻尾用砖石修成，算到今年仅止一百七十三年，并非古城。

成都位置，偏于川西大平原的东南，地势平坦。当初规划城市时，本可以像北京市街一样，划出许多正南正北、正东正西的区域来的。但是不知为了什么原故，城内街道全是西北偏高、东南偏低的斜街。我们把成都市旧街道图展开一看，便看得出，只有略微偏在西边一点、大致处于城市中心的旧皇城，是端端正正坐北朝南的一块长方形。

旧皇城，一般人都误会为三国时代刘备称帝的故宫。其实不是。它是唐末五代、前后两个蜀国在成都建都时的皇城。这地方，经过宋元两朝的兵燹，不但城垣宫殿早已无存，就连清人咏叹过的摩诃池，也逐渐淤为平陆，变成若干条街巷。到明朝第一代皇帝朱元璋册封他的第十一皇子朱椿为蜀王，为了使朱椿就藩，于洪武十八年（公元一三八五年）才在前后蜀国修建过的宫垣基础上，更加坚固、更加崇宏地造了一座和当时南京皇居相仿佛的蜀王宫。蜀王宫的规模很大，几乎占去当时成都城内总面积的五分之一。宫殿园囿之外，有一道比大城小、比大城狭的砖城，名宫城。一道通金河的御河，围绕四周。御河之外，还有一道砖城，叫重城。宫城前面是三道门洞。门外是广场，是足宽一百公尺以上的御道。与门洞正对，在六百三十余公尺远处，是一道二十余丈长、三丈来高的砖影壁，因为涂成红色，名为红照壁。在门洞外二百五六十公尺的东西两边，各有一座高亭，是王宫的鼓吹亭，东亭名龙吟，西亭名虎啸。明朝藩王就藩后，虽无政治权力，但以成都的蜀王宫来看，享受也太过分了。这王宫，到明朝末年（公元一六四四年），张献忠建立大西国，在成都即位称尊，改元大顺元年时候，又改为了皇城。不满两年，张献忠于公元一六四六年，统率军民离开成都，皇城内的一切全被烧毁、破坏，剩下来的，就只一道宫城、三道门洞，以及门外横跨在御河上的三道不很大的石拱桥（比横跨金河上的三桥小而精致）。十九年后（是时为清朝第二代皇帝玄烨的康熙四年），四川的政治中心省会，由保宁府（今阆中县）移回成都。为了收买当时的知识分子，开科取士，又将废皇城的部分地基（前中部的一部分），改建了一座相当可观的贡院。一九五一年被成都市前人民政府加以培修利用，作为大小会议场所的至公堂、明远楼，就是这时候的建筑物。

从我上面所略略交代的历史陈迹看来，这地方，实实应该叫作明蜀王故宫，或贡院。本来在门洞外那条街，早已定名为贡院街的。但是百余年来，人们总是习惯了叫它作皇城，把门洞外的一片广场叫作皇城坝，习惯真是一件可怕的事情！

现在我所介绍的这条街——人民南路，便是从旧皇城门洞（今天应该正名为成都市人民委员会大门）向南，六百三十余公尺，到红照壁街的一段，恰恰是明蜀王故宫外整整一条御道。不过今天的人民南路宽仅六十四公尺，比起三百年前的御道，似乎还窄了一些。这因为在一九五二年扩建这条街时，曾于东御街的西口、西御街的东口，在积土一公尺下，把那两座鼓吹亭的石基挖出，测度方位与距离（横跨在金河上的三桥，也是很好的标准），看得出，当时的御道，应该有一百公尺以上的宽度。

这条人民南路，以现在成都市的市政建设规划来说，恰好处在中轴线的中段。这条中轴线，向北越过旧皇城，经由后载门（现在街牌上写成后子门）、骡马市、人民中路、人民北路，通长四公里（从人民南路的北口算起），而达今天的宝成铁路、成渝铁路两线交会的成都火车站，可能不久时将改称为北站。因为现在从人民南路南端红照壁起，已新辟一条通衢，通到南门外小天竺，不久，还要凭中通过四川医学院（原华西大学），再延伸四公里，直抵成昆（成都到昆明）铁路起点车站，也可能将来会改称为南站。由人民南路北口到成昆铁路起点站的黄家埝，有六公里。将来这条联系南北两车站的中轴线为十公里。请将我所说的距离想一想，现在的人民南路，岂不恰恰处在中轴线的中心一段吗？

在这条中轴线的南段，即是说在今天的人民南路之南，将来是会出现不少的崇丽宏伟的大建筑的。今天的人民南路，仅只在东西御街街口以南摆上了一些大厦，如新华书店、人民剧院、百货商店等。旧社会的卑陋窳劣，几乎等于棚户的房屋，尤其在北段地方，还遗留得不少，当然，不久的将来都会拆除改建的。

人民南路的北段，不像南段布置有街心花圃。这里是每年五一、十一两个大节日，广大群众为了庆祝佳节而集会的场所，旧皇城门洞，这时恰好就作为一座颇为适用的检阅台和观礼台。按照城市建设规划，这地方将来还要向东、向西、向南拓展若干公尺，使其成为一片名副其实的广场。

人民南路的兴建，它向成都人民说明了新社会的可爱；它增强了成都人民对美好远景的憧憬，也增强了成都人民对社会主义建设的信念。不要看轻了这条街的兴建，它确实具有很浓厚的政治意义的！

这里我应该谈一谈人民南路的前身了。

我前面所说的贡院，从清朝末叶废科举之后，它就几经变化：清朝时候是几个高、中学校兴办之所；辛亥革命（公元一九一一年）是军政府；其后是督军公署；是巡按使和省长公署；再后又是高级、中级学校汇集地方。抗日战起，学校迁走，起初是无人区域，其后便成为贫民窟。解放后，成都市人民政府于一九五一年迁入（仅占旧皇城的四分之一，其余地方作为别用，不在此文范围之内，便不说它了）。为了要利用至公堂，特别在新西门外修了一片人民新村，光从至公堂上迁走的贫民，差不多就上百家。几十年间，御河已经淤为一道臭阳沟，不但两岸变成陋巷，就河床内也修了不少简陋房子。至于宫墙，那是早已夷为旱地，不用说了。

旧皇城门洞外直抵红照壁的那条宽阔御道，在清朝时候，便已变成了三条街道。北面接着皇城坝，南面到东西御街口的一段，叫贡院街。这条街，是废科举之后才修起来。科举未废之前，因为三年必要开一次科（有时还不要三年），要使用这地方，在平时只能容许人民，尤其聚居在这一带的回族人民搭盖临时房子，要用时拆，不用时再搭。科举既废，再无开科大典，这条街因才形成而固定下来。

这条街的特色是，卖牛羊肉的特别多。因为上千家的回族人民聚居在四周，所以这里便成了回民生活上一个重要的交易场。除了牛羊肉外，几乎所有的饮食馆都标有清真二字。

贡院街之南一段叫三桥正街。三桥，便是横跨在金河上的三道砖石砌成的大桥。这桥的建造，可能还在明朝以前。但构成三桥那种规模，却与明蜀王宫的修建同时。若照三道桥的宽度来看，是可证明从前御道很宽。但是到清朝后期，这里变成街道，街道的宽度，就比中间一道桥的桥面还窄。六十年前，成都有句流行隐语，叫“三桥南头的石狮子——无脸见人！”意思便是三道桥当中一道桥的南头的一对大石狮，早已被民房包围，等于石狮躲进人家，无脸见人。街道比桥面窄，因此桥面的两旁，也被利用来做了卖破烂、卖零食的摊子。

三桥正街之南一段，正式名字叫三桥南街，一般人却叫它为“韦陀堂”。原因是这条街的西边有一座韦陀庙宇，街的东边，本来是一座戏台和一片空坝，辛亥年以后，也变成了一条窄窄的小街。

再南便是红照壁。六十年以前，照壁跟前不过是些棚户，清朝末年，照壁跟前成了一条街，所谓照壁，早已隐在店铺的后面，不为人知。一九二五年才被当时反动政府发现，以银洋一万元的代价抵给当时的商会，拆卖得一干二净。

今天的人民南路，宽度六十四公尺（三桥也联成了一片路面），不但有街心花圃，不但有行道树，而且是柏油路面，它是中轴线上的通衢，它也是人民集会的广场。今天看来，它是何等壮阔，足以表现新社会人民的雄伟胸襟。然而它的前身，却原是那么污糟的三条街！可惜那些旧街景的照片已难寻觅，请伍瘦梅画家默画出来。请看一看那是何等可怕的一种社会生活！

不过今天的人民南路还在变化中。它将随着社会主义社会的建设，而一年一年的变。肯定地说，它将愈变愈雄阔，愈变愈美好。现在我所叙说的人民南路，还只限于一九五八年秋的人民南路。

一九五八年十一月八日写完

话说成都城墙

李劼人

李劼人笔下的成都，总带有一份意味深长的生命记忆。在本文中，他从考证角度论述了成都城墙的历史沿革，虽然此文有所缺失，但仍具有重要的史料价值。可以说，他的文字本身就是成都文化博物馆，是成都文化的活化石。

为什么要写这篇东西？

今天犹然存在于人们口中和地图上的东门、西门、南门、北门乃至唤作新西门的通惠门，唤作新东门的武成门，唤作新南门的复兴门，只是“实”已亡了，而这些“名”，说不定还会“存”将下去，若干年后，也一定会像今天的西顺城街、东城根街，人们虽然日夜由之而所，却想不出它为什么会得有这样一个名称。（东城根街因为成街日子较浅，说得出它由于满城城墙根的原故，准定还有不少的人。但能说出西顺城街它所顺的乃是旧皇城的东边夹城的人，恐怕就不多了。原因是，这道夹坝建筑得很早，在五代的后蜀时代，毁得也不迟，在清朝康熙初年。志书不载，传说也未说到它，能够明其原委的人，当然不多。）万一再如交子街之误写成椒子街，叠弯巷之讹呼为蝶窝巷，那么，即使翻遍图籍，还是会莫名其所以出的。（东门外的椒子街，其实就是五代时候前后蜀国在那里制造交子的地方。交子，即当时行之民间的信用钞票，后来叫会子，更后才名钞。因为这名字久已不用，人们感到偏僻，因而才致误了。但是也有不偏僻而致误的，如内姜街，本是明朝蜀王旁支封为内江王的王府所在，设若一直呼为内江王府街，也如岳府街一样，岂不一目了然？就由于省掉一个王字，又少掉一个府字，人们当然怀疑内江是一个县名呀，怎会取为成都的街名？想不通，就简直给它一个不能理解的名字，倒还快爽！叠弯巷，本因这巷几弯几曲，名以形之，非常明白。但是清朝宣统二年成都傅樵村撰《成都通览》，却舍去叠弯本音，以为雅，而写为叠弯的谐音蝶窝，自以为雅，其实是雅得费解，不客气的说，便是不通了！）

再说，成都之有城墙，固然山水久远，设若从秦国张仪、张若于公元前三一〇年破土建筑算起，到今一九五九年，实实在在它有二千二百六十年历史，不过在这漫长岁月中，说它一成不变，例如东晋时候王羲之与益州刺史周抚的帖子说："往在都，见诸葛颙，曾具问蜀中事，云，成都城门屋楼观，皆是秦时司马错所修。令人远想慨然！具未，为广异闻。"这已是诸葛颙的不经之谈，而今天若还有怀疑我们所拆除的，硬是秦城，那简直是故意抹杀历史。其实成都城，在这漫长岁月中，它随着时间的代谢，人民的增减，不第有时繁荣，有时又凄凉，还时而分，时而合，时而扩大，时而缩小，它的变化是多端的。

就是为了把它的陈迹弄清，才蓦然功念，抽出时间，将就十年前没有写完的一本东西，改头换面，剥皮刮骨，重新写出这样一篇比较浅显的东西。由于时间不够，未能访问故老，也未能多翻书本，只是伏处一室，凭记得的东西东抄一段，西写一段，凑合不起时，再由自己的理想去推一推。

好在我的这篇东西，并非作为地方志之类在看，而只是想在人们的文化生活上，略加几笔色彩，说到底，只算一种民间传说的有次序的记录罢了。

听说四川文史研究馆有些老先生，正集体从事要写一部《成都城坊考》。那才是正经记载，以我这篇四不像的东西比之，直小巫之见大巫，惭愧呀惭愧！

一、且先说一说古蜀国

要叙说秦国灭蜀之后，在成都建筑城墙，是不该把古蜀国的史迹和成都平原情形，略说一个概呢？他人意见如何，不得而知，我的意见，却觉得这样倒好。

但是讲到古蜀国，首先感到困难的是文献不足证，其次是史家作史，时代观念为什么会那么糊涂！

川西平原，近年来出土了不少古物。考古学家考来，有一些古物年代都很久远。远到什么时候？据说，总不在商周两朝之下。此说苟信，则李白的诗“蚕丛及鱼凫，开国何茫然，迩来四万八千岁，始与秦塞通人烟。”倒还不一定是浪漫主义的说法，而东晋蜀人常璩所作的最为有名的地方史书《华阳国志》，反而大可研讨了。

问题的关键，即在于蚕丛这个名号，与蜀国之“蜀”这个字。

《说文》解释蜀字，说是葵中蚕，并引《诗经·豳风》“蜎蜎者蜀”一句，来证实这个蜎曲的虫便是蚕。古代同物异名的例子很多，同物而移状略异，因而异名的例子更不少。吃桑叶而吐丝的虫，唤作蚕，吃冬苋菜叶（按：葵即今天一般人所呼的冬苋菜。）而吐丝的虫，唤作蜀。依照古人的办法，今天吃柞叶而丝的虫，吃蓖麻叶而吐丝的虫，都该各给一个专名才对。然而我们今人却更精灵了，只把蚕所吃的东西的名字，作为一个形容词，加在蚕字头上，岂不一听，即可使他人分辨出是哪类蚕，何必再创一些专名，等后人去作种种解释？

或者是最初唤作蜀，后来改唤成了蚕，或者是最初只有蜀，后来转化成了蚕。不管是虫的变化，名的变化，总之把这种虫吐的糸，何而为丝，可以线为帛，可以衣被人，使人穿着起来，不但感到比披兽皮强，就比穿着粗毛织成的毳，细毛织成的褐，也轻暖得多，舒服得多，这于人类的生活，是多么了不起的一桩事！发现这种虫的民族，或者能够利用这种业的民族，大家为了标志它的特点，于是遂给了它一个蚕丛氏的名号，这是可以理解的。上古发明火的民族，我们不是称之为燧人氏吗？发明驯兽的民族，我们不是称之为伏羲氏吗？

因此，我们就不能不同意李白的说法，即是把蚕丛氏说成是古蜀国的开创酋长，而把历年推上到四万八千年，比史称始制衣裳、垂拱而治的轩辕黄帝老得多。同时也打破了两种无稽之谈：第一种，说什么蚕丝是黄帝之妃缧祖发明的；第二种，说什么蜀国长君都是黄帝子孙。

关于第二种，作偏于司马迁。《史记·五帝本纪》上说：黄帝第二个儿子昌意，降居若水，娶蜀山氏之女，生的儿子继承黄帝，是为帝颛顼，帝颛的庶支，封于蜀，世为侯伯。常璩作《华阳国志》，他不敢突破司马迁所画的圈圈，又不能把口口相传的这些古代民族英雄蚕丛、鱼凫，丢了不说，那吗，怎么来排列这一世系呢？常璩为了两全其美，他只好编造了一篇糊涂账来蒙骗我们后人。现在我们有了诗人李白的启示，有了无产阶级的历史发展规律的哲学概念，我们敢于来清理这篇糊涂账，使古蜀国的本真重现于我们眼前，但是话说在前，我并非研究历史的人，所据的资料有限，而且寻常得很，账算错了，请批评指正！

让我把《华阳国志》的《巴志》摘抄一段如下，“《洛书》曰，人皇始出，继地皇之后，兄弟九人，分理九州为九囿。……华阳之壤，梁岷之域，是其一囿。囿中之国，则巴蜀矣。……其君上世未闻。五帝以来，黄帝高阳之支庶，世为侯伯。”

再把《蜀志》节抄几段，“蜀之为国，肇于人皇。……至皇帝，为其子昌意娶蜀山氏之女，生子高阳。……封其支庶于蜀，世为侯伯。历唐、虞、夏、商、周武王伐纣，蜀与焉。……有周之世，限以秦巴，虽奉王职，不得与春秋盟会君长，莫同书轨。周失纲纪，罚先称王。有蜀侯蚕丛，其目纵，始称王。……次王曰柏灌。次王曰鱼凫。王田于湔山，忽得仙道，蜀人思之，为主祠。后有王曰杜宇，教民务农。时朱提有梁氏女利游江原，宇悦之，纳为妃。移治郫邑。……七国称王，杜宇称帝，号曰望帝。……自以功德高诸王，乃以褒、斜为前门，熊耳、灵关为后户，玉垒、峨眉为城郭，江、潜、绵、洛为池泽，以汶山为畜牧、南中为园苑。会有水灾，其相开明，决玉垒以除水害。帝遂委以政事。……禅位于开明，帝升西山隐焉。时适二月，子鹃鸟鸣，故蜀人悲子鹃鸟鸣也。巴亦化其教，而力农务。……开明位号曰从帝。从帝生卢帝，卢帝攻秦，至雍。生保子帝。帝攻青衣，雄长獠僰。九世，有开明帝始立宗庙，以酒曰醴，乐曰荆人；尚赤。帝称王。……开明王自梦郭移，乃徙治成都。……”

其下，夹叙了几大段极有趣的、有关五丁力士的神话，以及因何而开劈石牛道，因何而与秦国交通、交恶的故事，因与世系无多大关联，故略而不抄。兹只抄最后一段如下：“周慎王五年，秋，秦大夫张仪、司马错、都尉墨等，从五牛道伐蜀。蜀王自于葭萌（按：即今之昭纪地方。）拒之败绩；王遁走至式阳（按：今新津县地方。），为秦军所害。……开明氏遂亡。凡王蜀十二世。冬，十月，蜀平。”

这真是一笔糊涂账！

按照《华阳国志》说，蜀侯蚕丛在周失纲纪时始称王。周失纲纪，应当指的是东周之初。我们姑且把它移前一点，移到周幽王五年，宠爱褒妲，王子宜臼出奔申国算起罢。按周幽王五年，为公元前七七七年。《华阳国志》又说，杜宇于七国称王时方称帝，号曰望帝。按七国称王，在周显王十三年到四十七年之间，即是说在公元前三五六年至三二二年的三十四年之间，现在我们暂把杜宇称帝之时，老实朝后挪在公元前三二二年看一看，由此而上溯至蚕丛称王，算来才四百五十五年。四百五十五年，在人类进化的过程上，是多么短暂一段时间！而谓一个民族，一下子便能从山岭区域，移入平陵地带，一下子便能从畜牧渔猎时代，进化到农田水利时代。这未免太不合乎历史发展的客观规律了罢？

上面所提出的，已是一篇糊涂账了，按下去，还有两笔更糊涂的账哩。

我们查看《华阳国志》与《史记·六国年表》，记载张仪等灭蜀，都是周慎王五年的事。按周慎王五年，为公元前三一六年。由这一年，上溯至杜宇称帝之年，假若依照我们极力朝后挪的公元前三二二年，仅仅为六个年头，这短得实在不像话。但是，即令把杜宇称帝，颠转来尽量朝上挪，挪到七国称王之初，即公元前三五六年，又如何呢？那也不过在六年之上，增加三十四年而已。即是说在非常之短的四十年间，被秦国所灭的蜀国世系，不但包括了一个杜宇，包括了开明十二世，而且开明二世卢帝，还带起人马，向秦国进攻过一次，还攻到秦国的都城雍。这岂不是睁起眼睛说瞎话！

我们再查一查《史记·秦本纪》《十二诸侯年表》和《六国年表》，知道秦在东周立国时，它的都城起初在郿，继而徙居平阳。其后把都城迁移了三处。这中间，还特别提出蜀人与秦的几次关系。为了减少语言的啰唆，兹特按照史记的两个表，加入公元前的年数。列一简表如下。

周釐王五年 秦德公元年 公元前六七七年 徙都雍

周元王二年 秦厉共公二年 公元前四七四年 蜀人来赂

周定王十八年 秦厉共公二十六年 公元前四五一年 左庶长城南郑

周定王二十八年 秦躁公二年 公元前四四一年 南郑反

周安王十五年 齐惠公十三年 公元前三八七年 伐蜀取南郑

周安王十九年 秦献公二年 公元前三八三年 徙都栎阳

周显王十九年 秦孝公十二年 公元前三五〇年 徙都咸阳

周显王三十二年 秦惠文王元年 公元前三三七年 楚韩赵蜀来朝

周慎王五年 秦惠文王二十二年 公元前三一六年 伐蜀灭之

这下，我们细细地算一算看。依据上表，从秦国徙都雍，到蜀人来送礼，历年为二百零三年；从蜀人送礼，到左庶长修筑南郑城墙，历年只有二十三年。按南郑，是汉中平原的首城，在杜宇末一代属于蜀。（说见后）公元前四七四年，秦国特派一名大官（按：左庶长等于其后秦始皇时的丞相，秦国执政大官。）来建筑南郑城墙，显而易见，秦国由蜀人手上把这地方夺去，认为是个紧要去处，故才筑城据守。证以其后“南郑反”，“伐蜀取南郑”，可见从公元前四五一年到三八七年，这六十四年中，秦蜀是交兵频频。但是秦蜀这时节交兵，似乎只限于汉中平原，是秦兵越秦岭而北，并非蜀兵越秦岭而南。因此，把开明二世卢帝攻秦至雍，放在这时候，不唯形势不许可，而时间也不对头。设若我们把卢帝攻秦至雍，移到公元前六七七年以后不久，而在公元前四七四年秦蜀复邦交之前，那吗，形势能许可，因为这时，秦是秦岭之北的一个小国，蜀却已经强大，正在向北向南扩张（向北扩张，是开明二世卢帝攻秦，至雍。向南扩张，是开明三世保子帝攻青衣，雄长獠、僰。据我推想起来，侵犯邛笮，建立邛都，在邛发现盐井、火井，使邛成为蜀国南疆重镇，又成为财富之区，也就在保子帝向南扩张不久以后的事情。新津的保子山，正是保子帝由之而南的遗迹。），以时间来计算，也才符合，因为由秦徙都雍，到秦灭蜀国，一共历年三百六十一年。三百六十一年，来当开明十二世（从第二世到十二世。），虽然觉得多一点，但也不过多二三十年，于情于理，都还说得下去。

这样看来，开明二世之攻秦至雍，既然在公元前六七七年之后不久，那吗，还早于卢帝两代的杜宇，又何能在三百二十多年之后才称帝。才移治郫邑，才教民务农，才遭到水灾，让位于开明一世呢？这真是笑话说的先生儿子后生妈了！

此之谓“尽信书，则不如无书”。

因此，我们对于《华阳国志》一书，就不能不有所取，有所舍了。

设若我们把蚕丛称王于周失纲纪之时，杜宇称帝于七国和王之会，这两处特别提到时代的地方舍去，设若我们再能打破史家所设的圈圈，不相信蜀国君长都是黄帝子孙，那，我们看得出《华阳国志》到底是一部有价值的地方史，它所收集的古蜀国许多故事，基本上是与李白诗意相符合的。

首先，常璩说蚕丛氏的眼睛，不与其他民族的眼睛一样。其他民族的眼睛是横起生的，而蚕丛氏的眼睛，则是直立生的。人类的眼睛还没听说有直立生在额脑上的（封神榜、西游记上所说的那些神仙怪物的眼睛，全不作数。）。可是欧洲人种学者却说过，高加索人种的眼角上挂，看起来好像有点直。我们看古人画的人物，和古墓掘出的土俑，眼睛确实都有点挂。这说明古蜀国蚕丛氏这一族人，眼睛长得特别向上挂，倒是它的一种特征。若说蜀侯蚕丛，就因为眼睛是直立着生的，才称了王，那却难以理解。

其次，常璩说鱼凫王“田于湔山”，虽然他之特提此句，而将重点放在“忽得仙道”上，好像说“蜀人思之，为立祠”，是由于他之得仙道。但是我们却不能这样理解，我们以为鱼凫时代，在湔山狩猎（田字古义，即狩猎，即打猎意思。），是反映这个民族从蚕丛时代所居处的岷山山岭，渐渐在向南方较低之处移动的路程。古代所谓湔山，即今松潘、平武一带高原地方当然处于岷山之南。那时，岷江是条大水，而际于高原脚下，说不定还有正在干涸（由于向低处下泻。）的内海。鱼凫这个称号，说明与水为缘。因为这时代，这个民族能在高原和山岭上打猎，也在水滨海边捕鱼。打猎要猎具，捕鱼也要渔具。鱼凫氏由于生活需要，发明了渔具，这是它的特点，犹之蚕丛氏之发明合糸成丝，组丝为帛一样，都是了不起的事情。所以后人既称之为鱼凫氏，还思之不置，修起庙宇来祭祀之。

鱼凫之后，不知经过若干年，由于环境的变化，生活随之而转化，这个民族渐渐从以渔猎为主要生活手段，进化到以稼穑为主要生活手段。所以常璩一叙述到杜宇，简直就把他说得像北方传说歌咏中的后稷。后稷教民以稼穑，杜宇教民力田务农，先只汶山之外川西平原的一角，后来竟然化及全川，成为农田之神，称为杜主（解放之前，川西许多县份内还有不少的土主祠，有人以为是土地祠，其实就是杜主一音之转。）。

《华阳国志》叙说杜宇氏时代民族更南移，甚至从山区移入平原之迹，尤为显然。不过它的缺点是，第一，把杜宇氏的时代说得太为晚近（在七国称王前后。），第二，把杜宇氏的年历说得太为短促（前后不过了几十年。），尤其第三，把整个民族的转移变化，若干代杜宇氏的不灭功绩，都说成是一个自然人的行为，而且将其庸俗化，简单化了。比如它说："时朱提有梁氏女利游江源，宇悦之，纳以为妃。移治郫邑。"好像这一民族之向岷江下游丘陵地区、平原地区转移，并不是为了更重要的生存，而仅止是这个风流倜傥的君主之为了追逐一个爱人，而且这个爱人还不是本民族的一个女性，而是现在宜宾县地方的一个游女。更可致疑的是，大梁、少梁，都是北方的国名，宜宾县的朱提，那时一定还是蛮荒，文化比蜀为低，如何使出了这个以国为姓的梁氏呢？这且不说。设若我们把"移治郫邑"，连上下文读，那便更为不妙了。好像杜宇这个好色贤君（以他的大成绩而言，实在不便称之为昏君。）之移治郫邑，并非为了便于已经大量移入平原，从事稼穑人民的安处，而仅以为了他的兴趣，为了接近于老婆的娘家，这岂非庸俗化，简单化而何？

因此，我们的理解是：鱼凫时代，这个民族方由岷山山区逐渐南移到松潘，平武高原，已经滨于水际，与水为缘。而杜宇时代，这个民族更向南移，初步移到岷江下游的江源（按，古之江源，即今之茂县、汶川、彭县、灌县一带，亦即古之汶山地方。），再而大凡移入平原。以稼穑耕耘为主要生活手段。因为那时，内海更加干涸，接近丘陵地区，首先成为平陵，郫县地方比成都高，比成都燥，所以到最后，这个民族才聚居到成都之西的郫县来。

我这里说的最后，也是相当古的。以时测之，大约也在商周时候，说不定就在禹导岷江，东别为沱之后不太久。

总而言之，古蜀国到杜宇时代，从山岳移入平陵，从渔猎转为稼穑，历年很长，历世久远，定居之后，渐渐就移成一个有文化的古国，比起蚕丛、鱼凫，时代较为晚近，流传的事迹，也比较多了一些，所以《华阳国志》叙述到杜宇时代，篇幅稍长。而尤可注意的，就是叙述这个古国的幅员和地理形势。它说，以“褒、斜为前门”。褒谷、斜谷是秦岭北麓、通经陕西的隘口。以这个地方的前门，则古蜀国已把汉中平原括在幅员之内（我在前段说南郑是蜀地，秦派左庶长城南郑，是秦国把这地方从蜀人手上夺去，而后筑城掘守，就是从这里找的根据。）。又说以“熊耳、灵关为后户”。可见古蜀国的南疆并不太远：熊耳山在今眉山，灵关一说在天全，但是能与熊耳并提，即令不在眉山，亦必距离不远。又说，以“玉垒、峨眉为城郭”。峨眉山，大家知道的，是川西平原东南隅上的大山，玉垒山在今汶川县。是说古蜀国东西交通，则限于两山之间。又说，以“江、潜、绵、洛为池泽”。这一句最关紧要了，说明在岷江以东，沔水以南，涪江、沱江之间，还是一个河流纵横、沼泽遍地的多水地方。下两句，以“汶山为畜牧”，尚可说有点关合，至于及“南中为园苑”，这是作陪之辞，因为南中为贵州、云南两省，那时，对古蜀国而言，尚处于化外。或者园苑一辞，也便含有在藩篱之外的意思罢？

看将起来，杜宇时代的古蜀国，恰就是今天的川西大平原，而向北袤延及于秦岭北麓。《华阳国志》所说的五个力士劈山通道的奇迹，应该从开明帝时移前到这个时代，李白诗云：“始与秦塞通人烟”，当然与五丁力士是有关的。如是，则上溯到鱼凫、蚕丛，应该如诗人之言，是四万八千岁。纵说诗人之诗，未免浪漫得有点过分，但总不能够像常璩史家把杜宇时代说得那样晚，又那样短。

设若我们把称号望帝的杜宇，认为就是让位于开明氏而升西山（按：西山即指灌县、汶川以西的诸大山。），而隐藏的杜宇，即是说是杜宇氏的末一代，与他上世娶妻于江源的杜宇，移治郫邑的杜宇，自以功德高诸王的杜宇，分开来，而把他置于东周之初，倒还合乎历史真实，而免于去受史家的迷惑！

到此，要说的古蜀国简略概况，以及沼泽地带的成都形势，差不多都已交代清楚。剩下来的，只有杜宇、开明这个称号之由来了。将其说在这里，迹近画蛇添足，要是不说，似乎也是缺憾，因为蚕丛、鱼凫二名都说明了所以得名之故，何独于杜宇、开明而置之不说？于理不通，只好拖一条尾巴如下：

蚕丛既然与丝有关系，鱼凫既然与渔有关系，那吗，杜宇无疑与稼穑有关系了。《华阳国志》以为杜宇让位之时，正当二月春阳，子鹃（按：即子规、阳雀、杜狗、杜鹃、催耕、布谷，一物而多名的鸟。）啼唤之际，因此，后人一听见子鹃鸟鸣，便想起杜宇的功德，不由生起悲来。我说，这话虽然说得有点因由，但还不若民间传说之较为明显。民间传说是，杜宇被权臣把君位夺去后，他便化为杜鹃鸟，昼夜悲啼，啼到满口溅血，血染在山花上，就成为杜鹃花了（杜鹃花即今所谓的映山红。）。这传说固然较为明显，却不觉仍是倒因为果，直截了当地说，杜宇即是子鹃鸟的名字，后世叫子鹃、子规、杜鹃，乃至催耕、布谷，古时则叫杜宇。因为这鸟与农事有关，所以便把这一时代这个从事稼穑的人与其君长，称为杜宇氏，犹之北方称此一族为稷，是一个道理。若是问我此言有何证据？我说，正面的证倒是没有，旁面的证，却有几个。第一个证，是蜀与蚕，第二个证，是巴与大头蛇，第三个证，是万与土蜂，第四个证，是朐忍（音蠢忍）之与大曲蟮。好在这四证都出在四川，其余尚多，不具引了。

至于开明呢？当然也是一种动物名字，并不能按照字面，望文生义，把它解为启明、文明、文化等。《华阳国志》说，杜宇（末一代）时，忽遇水灾。开明氏把汶川的玉垒山挖开了以除水害，可见那一次的水灾一定不轻，因此，人民归心，杜宇帝（末一代）才不能不让位与之。虽然决山排水是古蜀国的老办法（这办法是西夷人的禹发明的。），但是没有大力量的人，是不容易办到的。有决山力量的人，在古代说来，总非人类。所以《山海经》才作了这样解释："开明，兽身，大类虎，而九首皆人面。"岂非一个怪物？《山海经》还有一条说，开明是昆仑山一个守门的神兽。看来，决山除水害的那个人，起初是另有一个名字的，后来做了件好事，大家遂以守门神物之名名之，不但得了美名，而且得了政权。至今郫县之北的望丛祠就是奉祠的望帝与丛帝。

按照《华阳国志》所叙列的蚕丛之后，鱼凫之前，尚有一个"次王曰柏灌"。这一代无丝毫事迹可寻，恕我并非历史学史，所看的书籍也不多，实在不能解释这一时代的君长，何以命名为柏灌？柏灌究是何义？甚至有没有这一代？假使有人找得到凭证，能够将其说明，固所欢迎。不然的话，也无关紧要。总之古蜀国的概略已经交代明白，就可以了！

二、第一次在成都筑起的城墙，顺便解释一下何以叫作龟城

据《华阳国志》记载，秦国灭蜀在周慎王五年秋。当公元前三一六年。但是秦人在成都建筑城墙，却迟到周赧王五年，即公元前三一〇年，这当中定有缘故了。

是什么缘故？显而易见，并非秦人把这件事情怠忽了。秦国要吞并蜀国，蓄谋已久，《战国策》上载有一篇司马错在秦惠文王跟前与张仪争论伐蜀的文章。就说得非常明白。说："臣闻之，欲窃国者多广其地，欲强兵者多富其民，欲王者多其博德。夫蜀，西僻之国也，而戎翟之长也，作桀纣之乱，以秦攻之，譬如使豺狼逐群羊。得其地，是以广国，得其财，是以富民，缮兵不伤众而彼已服焉。拨一国而天下不以为暴，利尽西海而天下不以为贪，是我一举而名实附也，而又有禁暴止乱之名。……"因此，秦惠文王才不取张仪伐韩之计，而采用了司马错的话。所以把蜀国一灭，接着就把王号取消，"封子通国为蜀侯，以陈壮为相"。又把巴国灭了，改置巴郡。"以张若为蜀国守"，并且移秦民万家到蜀国来殖民。

秦既这样重视蜀地，照理说，它就应该在灭蜀之后，赶快巩固几个据点。筑城以守，就是巩固据点的好办法。秦人是早懂得这办法的，上段说的左庶长城南郑，岂不就是明证。

那吗，为什么在灭蜀之后五年，才说到筑城呢？

汉朝扬雄作有一部《蜀王本纪》，原书已经没有了，只散见于各家所引，其中就有一段说到成都第一次筑城时的情形，他说："秦相张公子（按：

即指张仪。）筑成都城，屡有颓坏，有龟周旋行走，巫言以龟行迹筑之，既而城果就。”

扬雄之言，定有所本，“屡有颓坏”一句，便把当时筑城不易说明白了。后来到五代时，后蜀李昊作《创筑羊马城记》，更有发挥说：“张仪之经营版筑，役满九年。”九年虽不见有明文记载，但可以想见，第一次建筑成都城墙，历时很久，说不定灭蜀之后即便动工，经过五年，方才筑成，筑成后，还“屡有颓坏”。但是我们又要问张仪首筑的这座城，到底有好大？需要得久些。

答复第二句是：王徽在《创筑罗城记》上所说：“惟蜀之地，旷土黑黎，而又硗确，版筑靡就。”请想，在晚唐时代，高骈创筑罗城，尚因成都的土质疏劣，难于版筑，那吗，成都这地方，在李冰治水之前，其为满地沼泽，要建筑那么大的一座城，又那么完整的一座城，当然会屡筑屡需时甚久了。

扬子云说到“有龟周旋行走”，虽然有点神话意味，但我们若以历史唯物主义的眼光来看，他的话到底还算接近历史的真实，因为成都当时既然还是属沼泽地带，在筑城时，惊动一只大乌龟，从水荡中爬出，循着比较干燥地方走一大圈，这确是可以理解的事，就由于他掺杂一个巫人进去，不唯解说得不太好，还引起了为什么这样难筑？

答复第一句是，成都第一次筑的城就今天说不算大，但在当时却不为小，《华阳国志》说：“仪与若城成都，周回十二里，高七丈。”秦汉的度量都比后世小。确实小到好多，没有考过。后人说，比现行的市尺和华里小六折，或许相差不远。若然，周回十二里，就是当今天的八里不到，高七丈，则是在四丈以上，以那个时候的情形而言，的确是座很大很大的大城了。平地要筑起这么大一座土城，而且还要如《华阳国志》所说：“造作下仓，上皆有屋，置观楼射兰。”那就是说，要利用城墙下面，造成仓库，储备粮食，上面造成房屋，既可驻兵，又可遮蔽风雨，城门之上，还要修建哨楼箭垛之类的东西，以便防守，当然不是一件容易事。后人误会，好像成都城之得以筑成，完全得了乌龟的启示。所以，宋朝乐史作《太平寰宇记》竟说：“成都城亦名龟城，初张仪、张若筑成都屡坏不能立，忽有大龟出于江，周旋行走，巫言依龟行处抗之，城乃得然，所搬处成大池。龟优其中。”

乐史的话，当然根据扬子云、常道将二家之言，而最荒唐的是说大龟出于江，当时李冰尚未“壅江”（按：这个江字指的是灌县的岷江。），作堋穿郫江、检江，别支流双过郡下以行舟船。成都那时地方只有水荡，哪里有江？而且常道将的《华阳国志》虽然也说到“其筑城取土，去城十里，固以养鱼，今（按：今字指东晋时候即常璩作《华阳国志》时。）万倾池是也”。不惟来说到有龟伏其中，而且迟到东晋尚称万倾这个池，可见不小，从而可以说明秦人筑城取土之多，原因就是在沼泽下湿地方；要筑一座上面所说的那样的城（或者还不止一座城，而是两座城，说见后。），用土当然不能少。

成都城为什么一定要联系到龟，一则《蜀王本纪》与《太平寰宇记》业经解释过了，是循龟之迹筑成了一道城墙的缘故。还有一解，更近情理，就是上面引过的晚唐时候。高骈筑罗城，王巍在记上说“蜀城能卑且隘象龟形之屈缩”。即是说，成都城初建筑时，为沼泽下湿之地，所限不能像在北方平原那等东西南北拉得笔伸而又四楞四现，只好弯弯曲曲，依着比较干燥之处筑成了一道倒方不圆、极不规则的形势，像个龟形，因此便名之曰龟城。

我感得从上面两种解释，龟城已经非常合乎事理，不容再有异说的了。然而不料到了清朝康熙年间，一个有名诗人王士祯（山东人，号贻上，别号渔洋山人）。两次因公来过成都，在他所作的一部笔记《陇蜀余闻》竟然说："成都号龟城，父老富，东门外江岸间，有巨龟大如夏口，不易见出，出则有龟千百随之。康熙癸丑（按系康熙十二年当公历一六七三年）滇潘未作逆时曾一见之。"

如此一说，似乎成都之为龟城，硬还有个龟在这里的东门外江边作物证！按照王渔洋的意思，这龟还是成都的主神，每当有大变故发生，它都要出来显示一下，不过他诿之于父老所说，好像又是"齐东野人之言"，不大可靠。这是王渔洋狡怪处。但受他的影响，居然作为实证的，便有一个李馥荣（四川通江县人），在康熙末年，他著的《滟滪囊》上说："康熙十二年癸丑，成都濯锦桥下，绿毛龟现，大如车轮，见背不见首，有小龟数百浮于水面，三日后乃不见。"

三、成都城并非张仪所筑

按照历史记载，秦国灭蜀在周慎王五年，当公元前三一六年。但是，秦人在成都建筑城墙，却在周赧王五年，当公元前三一〇年的时候。若史书所记不差，那吗，秦灭蜀五年（至少应是四年有余）之久方才建筑城墙。这里可以说明两个问题：第一个是《华阳国志》说过“开明王自梦郭移”，因而才把都城从郫县向东移了五十来里（华里而非公里以下所记里数同），移到成都来。这一句的“郭”字是不可靠的，原因是“郭”为城外之“城”，有郭必城。设若开明王果自梦郭移，则其郫县故都有城有郭不用说了，即其移治到成都当然也会城有郭，但是我们从下面将要说的龟城看来，古蜀国好像并未有过城郭，不但成都没有，就是从杜宇氏起移治平原上第一个地方郫也没有。看来在古蜀国居住的这一族人，千年万载以来，尚未遭受过异族的侵犯，似乎除了与自然灾害斗争之外，也还没有在本族中间为了争权夺位，动过干戈。因此不像北方民族老早就发明了城隍的作用（主要是为了抵御外来的侵犯。）。《华阳国志》在记述真实史迹时每每要掺入一些自己的唯心主义看法，亦即昔人所谓正统派的史笔。我在头一段上，已将其矛盾处指出不少，这里也一样。我们认为开明（是不是开明第九世也是一个问题，因其无关本题，暂时不去研究它了。）之由郫县更向平原中心移治一步，并非什么“自梦郭移”。其实是成都平原早已可以耕耘稼穑，不必要待君长分配人民，必已大量移居于此。我们还不必求证于现代出土的古物，即以“成都”这名称便可以证明。按《太平寰宇记》解释成都之得名为“周太王迁于岐山，一年成邑，二年成都，故名曰成都”。但《史记》上已说：舜“一年而所居成聚，二年成邑，三年成都”。可见凡是一个酋长住到哪里，他的部落随之而集中的地方，都可按照这个程式，叫其所住的地方曰“成都”。不过，我们也可颠转来说，这个地方的人民必已众多了，这到某一个酋长移任而来之后，大家才从分散的居住点，逐渐麇集拢来。起初，成为一个像样的村落，其次，便扩大了成为一个或者有城、有壕，或者无城、无壕的大去处。我们现在尚无法证明成都这个字，是否由于开明王迁来以后才有的呢？抑或早就有了？总而言之，可以想见在开明王未迁成都以前，这地方不但早有居民，甚至数字还相当多的哩。

第二个问题是，秦国灭蜀之后，虽然开明氏亡了，但蜀国的人民对于战胜国并不心服，所以《华阳国志》上乃有这样一笔“周赧王元年（公元前三一四年，即秦灭蜀后一年。），秦惠王封子通国为蜀侯，以陈壮为相，置巴郡，以张若为蜀国守，戎伯尚强乃移秦民万家实之”。这里所谓“戎伯尚强”的戎是泛指异民族，并不一定指的西方民族。

因为“尚强”这二字实在找不到它的来源。我疑心“戎伯尚强”这一句，就已指的蜀国中一些部落，即后世所说的大姓土豪，所以才有下一句乃移秦民万家实之。移民充实征服国，当然就是现在所说的殖民了。

为了防备和镇压殖民地上的土著民族，不但移来的人民万家，要聚集力量，不容分散，而且驻防的军队也要有一个建筑物，以作安全的保障，于是便修建起城墙来了。

但最初在成都筑城的到底是谁呢？一般人都相信是张仪筑的，汉朝扬雄所作《蜀本纪》便这么说：“秦相张公筑成都城。”一直流传下来，几乎都这么说。例如东晋时常璩《华阳国志》说：“周赧王五年，张仪与张若城成都。”任豫的《益州记》（此言也只见引文）也说“成都诸楼……”

周赧王元年，秦惠文王封子通国为蜀侯，以陈壮为相。置盈巴郡，以张若为蜀国守。戎伯尚强，乃移秦民万家实之。

六年，陈壮反。杀蜀侯通国。秦遣庶长村甘茂、张仪、司马错复伐删，诛陈壮。七年，封子恽为蜀侯。

十四年，秦孝文王疑蜀侯恽置毒，遣司马错赐恽剑，使自裁，恽惧，夫妇自杀。

十五年，封其子绾为蜀侯。

三十年，疑蜀侯绾反，王复诛之，但置蜀守。张若因取管及其江南地也。

周灭后，秦孝文王以李冰为蜀守。……冰乃壅江作堋，穿郫江、检江别支流双过郡下，以行舟船。岷山多梓、柏、大竹，颓随水流，坐致材木，功省用饶。

然秦惠文、始皇克定六国，辄徙其豪侠于蜀，资我丰土。（华三第九页下半）

临邛县，在郡西南二百里。本有邛民，秦始皇徙上郡实之。……有石矿，大如蒜子，火烧合之，成流支铁，甚刚，因置铁官，有铁祖庙祠。汉文帝时，以铁铜赐侍郎邓通，通假民卓王孙，岁取千匹，故王孙货累巨万亿，邓通钱亦尽天下。

武帝初欲开南中，令蜀通僰、青衣道。建元中，僰道令通之，费功无成，百姓愁怨，司马相如讽喻之。使者唐蒙将南入，以道不通，执令，将斩之，叹曰："忝官益土，恨不见成都市。"蒙即令送成都市而杀之。

（原文如此，缺结尾部分）

原载《成都文物》1991 年第 2 期

㈡ 成都古迹：山月不知人事变

登成都白菟楼

[魏晋]张载

白菟楼，成都阳城门之城楼，位于成都东南隅。诗人登楼览望，面对如此壮丽的都市，感慨万千。诗中不仅描绘了成都的雄伟气势、繁华的商业、富饶的物产，还盛赞了成都的“芳荼”。

重城结曲阿，飞宇起层楼。
累栋出云表，峣嶭临太虚。
高轩启朱扉，回望畅八隅。
西瞻岷山岭，嵯峨似荆巫。
蹲鸱蔽地生，原隰殖嘉蔬。
虽遇尧汤世，民食恒有余。
郁郁少城中，岌岌百族居。
街术纷绮错，高甍夹长衢。
借问杨子宅？想见长卿庐。
程卓累千金，骄侈拟五侯。
门有连骑客，翠带腰吴钩。
鼎食随时进，百和妙且殊。
披林采秋橘，临江钓春鱼。

黑子过龙醢，果馔逾蟹蝑。

芳茶冠六清，溢味播九区。

人生苟安乐，兹土聊可娱。

文翁讲堂

[唐]卢照邻

文翁讲堂，即文翁石室。汉景帝时期，文翁被任命为蜀郡守。他在成都设置学官，创建官学，以石头修筑校舍，称为“石室”，又称“玉堂”。由此，四川学风大兴，后渐与齐鲁之学齐名。

锦里淹中馆，岷山稷下亭。
空梁无燕雀，古壁有丹青。
槐落犹疑市，苔深不辨铭。
良哉二千石，江汉表遗灵。

相如琴台

[唐]卢照邻

这首诗是诗人在成都凭吊相如琴台时所写。诗中通过对琴台的联想和景物描写，不仅表达了对相如的怀念，还透露了自己生不逢时和寓居他乡的孤寂心情。

闻有雍容地，千年无四邻。
园院风烟古，池台松槚春。
云疑作赋客，月似听琴人。
寂寂啼莺处，空伤游子神。

又于韦处乞大邑瓷碗

［唐］杜甫

邛窑，四川境内遗址面积最大、烧造时间最长、出土文物最丰富、器物流散最广的古瓷窑。这里是中国古代陶瓷艺苑中一朵绚丽的奇葩，也是蜀文化的骄傲。

大邑烧瓷轻且坚，扣如哀①玉锦城传。

君家白碗胜霜雪，急送茅斋也可怜。

注：

①哀：一作“寒”。

西郊

［唐］杜甫

碧鸡坊，唐街巷名，在城之西南，以传说中益州有碧鸡、金马之神而得名。唐代女诗人薛涛曾居于此地。这首诗描绘了西郊清秀之景，记叙了诗人闲散的生活，颇有意趣。

时出碧鸡坊，西郊向草堂。
市桥官柳细，江路野梅香。
傍架齐书帙，看题减药囊。
无人觉来往，疏懒意何长。

怀锦水居止二首

［唐］杜甫

锦水居止，即杜甫草堂，在锦江外浣花溪畔，是唐代大诗人杜甫流寓成都时的故居。没离开时，想离开，离开后，又十分怀念。浣花溪的百亩清阴，万竿绿竹和四株小松，都引起了他的缅想。

军旅西征僻，风尘战伐多。
犹闻蜀父老，不忘舜讴歌。
天险终难立，柴门岂重过？
朝朝巫峡水，远逗锦江波。

万里桥南宅，百花潭北庄。
层轩皆面水，老树饱经霜。
雪岭界天白，锦城曛日黄。
惜哉形胜地，回首一茫茫！

琴台

［唐］杜甫

琴台，在今四川成都南百花村西南，传为司马相如弹琴处。他在琴台上徘徊，凝望着卓文君脸颊的笑靥。只此一眼，一生皆如此。

茂陵多病后，尚爱卓文君。
酒肆人间世，琴台日暮云。
野花留宝靥，蔓草见罗裙。
归凤求凰意，寥寥不复闻。

蜀相

[唐] 杜甫

蜀相，即三国时蜀国丞相诸葛亮，其祠堂在成都西南，即今之武侯祠。杜甫仰慕诸葛亮，初到成都，便来寻其祠。此诗首联写祠堂所在，颔联即景抒情，写祠庙荒凉，感物思人，颈联写诸葛亮的际遇、功业等，尾联抒发壮志难酬，千秋同憾之情。

丞相祠堂何处寻？锦官城外柏森森。
映阶碧草自春色，隔叶黄鹂空好音。
三顾频烦天下计，两朝开济老臣心。
出师未捷身先死，长使英雄泪满襟！

春夜喜雨

[唐] 杜甫

“随风潜入夜，润物细无声”，诗人以拟人的手法，讲述了成都春雨时的景象。描写细腻生动、绘声绘形，让每一个人都感受到，在春天，下雨也是浪漫的。

好雨知时节，当春乃发生。
随风潜入夜，润物细无声。
野径云俱黑，江船火独明。
晓看红湿处，花重锦官城。

石犀行

［唐］杜甫

石犀，即用石刻成的犀牛。整首诗以成都、灌口一带水灾为例，批判了千百年来石犀可以镇水的传说，强调在同水患作斗争中，要依靠人们齐心协力，方能有效控制水患灾害。

君不见秦时蜀太守，刻石立作三犀牛。
自古虽有厌胜法，天生江水向东流。
蜀人矜夸一千载，泛溢不近张仪楼。
今年灌口损户口，此事或恐为神羞。
终借堤防出众力，高拥木石当清秋。
先王作法皆正道，鬼怪何得参人谋。
嗟尔三犀不经济，缺讹只与长川逝。
但见元气常调和，自免洪涛恣凋瘵。
安得壮士提天纲，再平水土犀奔茫。

文翁讲堂

［唐］岑参

文翁在蜀地任职郡守时，在成都城南建文学精舍讲堂，称文翁石室（今为成都石室中学）。汉武帝看到了文翁办学成功，便下令在全国兴办文翁石室式的官学，影响极为深远。

文公不可见，空使蜀人传。
讲席何时散，高堂岂复全。
丰碑文字灭，冥寞不知年。

万里桥

［唐］岑参

万里桥，在成都南门外的锦江上。三国时期，诸葛亮曾在此设宴送费祎出使东吴，费祎叹曰：“万里之行，始于此桥。”该桥由此得名。沧江，江水名，因江水呈苍色，故名。

成都与维扬，相去万里地。
沧江东流疾，帆去如鸟翅。
楚客过此桥，东看尽垂泪。

张仪楼

[唐] 岑参

张仪楼，始建于秦灭蜀后，一直沿用到唐代末期。后成为成都城西门城楼，又称百尺楼。在古代，张仪楼与散花楼、得贤楼、西楼并称成都四大名楼。

传是秦时楼，巍巍至今在。

楼南两江水，千古长不改。

曾闻昔时人，岁月不相待。

先主武侯庙

［唐］岑参

先主武侯庙，今名武侯祠，在今成都南门外。西晋末年（316），成汉李雄为纪念诸葛亮，建祠于此。明代初年（1368），并入昭烈庙中。清康熙十一年（1672），在刘备殿后增加诸葛亮殿。

先主与武侯，相逢云雷际。
感通君臣分，义激鱼水契。
遗庙空萧然，英灵贯千岁。

蜀先主庙

［唐］刘禹锡

蜀先主庙，即蜀汉先主刘备庙。前四句赞刘备的德业，后四句叹蜀汉功业的衰败。诗人借助盛衰对比，道出了古今兴亡的教训。你有数不清的功绩，然而始终未能登上内心的高峰，因为你的后代并不是你的翻版。

天地英雄气，千秋尚凛然。
势分三足鼎，业复五铢钱。
得相能开国，生儿不像贤。
凄凉蜀故伎，来舞魏宫前。

经杜甫旧宅

［唐］雍陶

诗人怀着景仰之情前往凭吊杜甫故居，写下了这首诗，真实地记录了杜甫草堂的破败景象。时隔多年，沙崩鸥去，树横村桥。溪还是那条溪，月还是那个月，已不见那个人！旧宅在，诗难寻。

浣花溪里花多处，为忆先生在蜀时。
万古只应留旧宅，千金无复换新诗。
沙崩水槛鸥飞尽，树压村桥马过迟。
山月不知人事变，夜来江上与谁期？

游昭觉寺

［宋］范镇

昭觉寺，位于成都北郊，是著名的禅宗寺院。初为宅第，贞观年间改为佛寺，名建元寺，宣宗时赐名“昭觉”。恰逢暑热熏蒸，诗人通过松间石径来到了寺中石房静坐默念，此情此景让人安静而止息诸种杂虑。

炎蒸无处避，此处忽如寒。
松砌行无际，石房禅自安。
鸳鸯秋沼涨，蝙蝠晚庭宽。
登眺见田舍，衡茅半不完。

大悲阁记成都府

[宋]苏轼

成都，是西南地区的大都会，佛门最为繁盛。此处大悲菩萨的塑像十分宏伟雄壮。作者虽然云游四方，一直没有回到蜀地，但却可以在脑海中想象到此阁的壮美庄严，由此写下了此文。

大悲者，观世音之变也。观世音由闻而觉。始于闻而能无所闻，始于无所闻而能无所不闻。能无所闻，虽无身可也，能无所不闻，虽千万亿身可也，而况于手与目乎！虽然，非无身无以举千万亿身之众，非千万亿身无以示无身之至。故散而为千万亿身，聚而为八万四千母陀罗臂、八万四千清净宝目，其道一尔。昔吾尝观于此，吾头发不可胜数，而身毛孔亦不可胜数。牵一发而头为之动，拔一毛而身为之变，然则发皆吾头，而毛孔皆吾身也。彼皆吾头而不能为头之用，彼皆吾身而不能具身之智，则物有以乱之矣。吾将使世人左手运斤，而右手执削，目数飞雁而耳节鸣鼓，首肯傍人而足识梯级，虽有智者，有所不暇矣，而况千手异执而千目各视乎？及吾燕坐寂然，心念凝默，湛然如大明镜。人鬼鸟兽，杂陈乎吾前，色声香味，交遘乎吾体。心虽不起，而物无不接，接必有道。即千手之出，千目之运，虽未可得见，而理则具矣。彼佛菩萨亦然。虽一身不成二佛，而一佛能遍河沙诸国。非有他也，触而不乱，至而能应，理有必至，而何独疑于大悲乎？

成都，西南大都会也，佛事最胜。而大悲之像，未睹其杰。有法师敏行者，能读内外教，博通其义，欲以如幻三昧为一方首，乃以大旃檀作菩萨像，庄严妙丽，具慈愍性。手臂错出，开合捧执，指弹摩拊，千态具备。手各有目，无妄举者。复作大阁，以覆菩萨，雄伟壮峙，工与像称。都人作礼，因敬生悟。

余游于四方二十余年矣，虽未得归，而想见其处。敏行使其徒法震乞文，为道其所以然者。且颂之曰：

吾观世间人，两目两手臂。物至不能应，狂惑失所措。其有欲应者，颠倒作思虑。思虑非真实，无异无手目。菩萨千手目，与一手目同。物至心亦至，曾不作思虑。随其所当应，无不得其当。引弓挟白羽，剑盾诸械器，经卷及香花，盂水青杨枝，珊瑚大宝炬，白拂朱藤杖，所遇无不执，所执无有疑。缘何得无疑，以我无心故。若犹有心者，千手当千心。一人而千心，内自相攫攘，何暇能应物。千手无一心，手手得其处。稽首大悲尊，愿度一切众。皆证无心法，皆具千手目。

送戴蒙赴成都玉局观将老焉

[宋]苏轼

玉局观，为宋代的著名道观。友人返故里为官，东坡来送别，想到自己飘零江湖已久，思念故园却无由亲近，这时候的心情，是复杂难言的。全诗情真景真，清健处撼动人心，缠绵处又不失其旷达。

拾遗被酒行歌处，野梅官柳西郊路。
闻道华阳版籍中，至今尚有城南杜。
我欲归寻万里桥，水花风叶暮萧萧。
芋魁径尺谁能尽，桤木三年已足烧。
百岁风狂定何有，羡君今作峨眉叟。
纵未家生执戟郎，也应世出埋轮守。
莫欺老病未归身，玉局他年第几人。
会待子猷清兴发，还须雪夜去寻君。

梅花

[宋]陆游

青羊宫，素有“川西第一道观”“西南第一丛林”之称，初名青羊肆。青羊宫前，锦江路上，诗人曾被梅花醉了十年。而今，哪里知道寻找幽香的地方，却是在山阴雪夜的船上。

青羊宫前锦江路，曾为梅花醉十年。
岂知今日寻香处，却是山阴雪夜船。

梅

［宋］陆游

陆游的咏梅诗数量很多，但这些作品在地域上有两个最明显的指向——成都和绍兴。诗人看到家乡溪头的梅花刚刚绽放，诗人的心绪却又飞到几十年前，飞到遥远的成都，仿佛看到青羊宫里萼梅花初开的情景。

三十三年举眼非，锦江乐事只成悲。
溪头忽见梅花发，恰似青羊宫里时。

宿上清宫

［宋］陆游

上清宫，青城山著名道观之一，位于青城山巅。始建于晋，五代王衍重建，明末又毁于兵火，现存殿宇为清同治年间重修。大殿祀太上老君，山门外石壁上刻有题记“天下第五名山”“青城第一峰”。

永夜寥寥憩上清，下听万壑度松声。
星辰顿觉去人近，风雨何曾败月明。
早岁文辞妨至道，中年忧患博虚名。
一庵傥许西峰住，常就巢仙问养生。

绛都春·元宵

［宋］京镗

锦里曾是西蜀历史上最古老、最具有商业气息的街道，始修于秦汉。汉时蜀锦生产作坊集中在成都锦江南岸，设锦官管理，其地称“锦官城”或“锦里”。唐宋时，锦里在诗中已成为成都的代称。

升平似旧。正锦里元夕，轻寒时候。十里轮蹄，万户帘帷香风透。火城灯下争辉照。谁撒□、满空星斗。玉箫声里，金莲影下，月明如昼。

知否。良辰美景，□丰岁乐国，从来希有。坐上两贤，白玉为山联翩秀。笙歌一片围红袖。切莫遣、铜壶催漏。杯行且与邦人，共开笑口。

都江堰记

［明］陈文烛

当时，灌县等地屡遭水患。于是，在蜀郡守李冰的领导下，便兴建了这一千年不朽的水利工程——都江堰。而今山河变迁，古迹废失，只有李冰在蜀国建筑的堰，至今尚存。

灌县都江堰，盖江之会也（一作云）。禹导江自岷山，西入大渡河，南通于汶，历于灌。堰在江中流为二：有南河者，会新津；有宝瓶口，分流为三：至于汉，至于崇宁，至于华阳。故称灌口（一本无此句）。灌口堰外低而宽，堰内高而狭，水势也。作堰灌田，始于秦李冰。司马迁著《河渠书》，瞻蜀之岷山，大李公之功；且云：渠可舟行（一作行舟），民飨其利；蜀人庙祀焉。汉唐以及宋元，堰法渐坏。至元间，佥事吉当普铸铁龟，民利之。昭代以来，屡修屡圮。嘉靖间复铸铁牛，详在佥事陈公鎏《记》中。其铭曰："问堰口，准牛首；问堰底，寻牛趾；堰堤广狭顺牛尾。水没角端诸堰丰，须称高低修减水。"真名言也（一作云）。

万历乙亥，江大溢，堰尽坏。成都知府徐元气、灌县知县萧奇熊列状修复；巡抚都御史曾公、罗公慨然允行；后先轸念。巡按御史郭公，虑亦深长，增以铁柱，令寻牛趾而浚之。自堰之下，如仙女、三泊洞，宝瓶、五陡口、虎头诸崖间，植三十铁柱。每柱长丈余。共用铁三万余斤。又树柱以石，护岸以堤。水遇重则力分，安流则堰固；大都仿古云。

水利佥事杜公诗，悉心区画。始万历三年十一月，越四年三月，功成。费金三百，灌溉千里，民咸歌颂。御史公适还朝，复按兹土（一作地）；左布政使袁公随，右布政使潘公允端，按察使刘公庠，参政蔡公汝贤、秦公淦，副使王公原相，佥事甄公敬，共观厥成。

烛闻而叹曰：蜀称天府，号陆海，岂谓“沃野”不在人耶！秦法：作渠与井田并；太史公论禹分二渠以引河；其来旧矣。如西门豹引漳水，郑当时引渭水，足利于国。中原变迁，阊殚为河，法多湮灭。惟李公之堰幸存于蜀，乃二三公修之，俾古人之遗意千载如斯，尚永赖哉！

今天下事，凿者创新论，怠者失故道；及其不支，诿（一作则）曰“天也”！没壁负薪，何益焉？假令人皆师古，则刊山表木（一作随山刊木）之勋，至今存耳，宁独一堰哉？余益叹二三公经世之智云。

游草堂记

[明] 薛瑄

杜甫草堂有两处，一处在万里桥西，一处在浣花溪北。这里所说的草堂指后者。这篇游记介绍了草堂的历史沿革，描绘了草堂附近的绮丽景色，抒发了对“诗圣”杜甫的无限崇敬之情。

景泰元年九月某日，佥都御史李匡约予洎大理寺少卿张固、监察御史罗俊，同为草堂之游。

草堂乃唐杜甫子美避地蜀中时，裴冕为作于浣花溪者，子美诗所谓“万里桥西一草堂”是也。当时之草堂，废已久矣，而后世作堂以象之者，则累累不废焉。至蜀献王，崇尚子美之忠贤，一新其堂。每岁时、良辰、胜日，蜀之衣冠士庶与夫戴白之叟、垂髫之童，皆知草堂之名而出游其地，人物车马杂遝道路，至填溢草堂不能容。由是草堂遂为蜀中之胜迹。朝之搢绅大夫有事于蜀者，亦必至其地焉。

予与四人者，皆以事在蜀。既为斯约，是日早出中和门，度万里桥，循锦江西上。时霜降水落，江流之湍急、锵鸣金石者，有以清人之耳；其洄泽之澄碧涵虚者，有以清人之目；与凡近岸之疏篁折苇、远波之浴凫飞鹭，皆足以娱心意而供出游之观。

西行可五六里，桥曰遇仙。过桥有宫，曰青羊，乃道家者言老子降于蜀青羊肆云，后人因即其地以为宫。宫西行约一里，过溪桥，有曰“草堂寺”者，盖子美之草堂而得名也。寺西行仅半里，门匾曰“杜工部祠”。入门有堂三间，以奉子美之神；中堂三间，以为游者宴游之所；最后堂三间，覆之以茅，盖子美当时之草堂也。予四人者，相与观子美诗刻，中有所谓“雪岭”“锦江”者，盖皆在今草堂之西南。然江山虽如故，而诗中所咏当时之物，盖有不同者矣。方徘徊间，诸公皆至，具小酌中堂。有丝竹之声，酒半而起。还，过青羊宫，复留小酌，至莫而归。

予惟子美草堂，不过江村一陋室耳。今去唐垂千余年，当时之草堂，已化为尘土；后世作堂以象之者，年愈久而名愈新。是岂徒以子美诗之工而凌跨古今、冠绝百世哉？且自子美草堂以来，以全蜀之盛，历代之豪族富家，高甍巨桷，歌台舞榭蔽云日而出风雨者，不知其几万亿。今皆消灭殆尽，寂然无名称。独子美区区一草堂，而为后世之所仰慕，兴葺游观，爱赏之不忘，名将与天地相为悠久。孔子所谓“诚不以富，亦只以异”者，子美殆近之欤？

青羊宫

［清］张问陶

青羊宫，唐代时名为玄中观，倚傍锦江，是成都建筑年代最早、规模最大的道教宫观。传说老子骑青牛过函谷关，为关令尹喜讲《道德经》，仅讲了一半，就对尹喜说："子行道千日后，于成都青羊肆寻吾。"

石坛风乱礼寒星，仿佛云车槛外停。
常为吾家神故物，铜羊一角瘦通灵。

竹枝词

[清]王光裕

成都花会始于唐、宋，至今已有上千年历史。武侯祠、万里桥、青羊宫，诗人辗转在成都的古迹间，感受着时光漫长、市井繁华，边走边想，忽然意识到，原来明日便是花朝节。

武侯祠畔路迢迢，迂道还从万里桥。
转向青羊宫里去，明天花市是花朝。

死水微澜（节选）

李劼人

青羊宫，“川西第一道观”，是中国西南地区历史最悠久、规模最大的一座道教宫观。本文是李劼人的长篇小说《死水微澜》的节选。在文章中，我们不仅看到了作者对成都古迹细腻逼真的描画，还看到他对四川市井风情的详细呈现，如赶庙会等，地地道道的川味，跃然纸上。

青羊宫在成都西南隅城墙之外，是清朝康熙年间重新建筑，又培修过几次。据说是道士的元始庙子，虽然赶不上北门外昭觉寺，北门内文殊院，两个和尚的丛林建筑的富丽堂皇，但营造结构，毕竟大方，犹然看得出中古建筑物的遗规。

庙宇也和官署一样，是坐北朝南的。它的大门，正对着一条小小的街道，通出去，是一道五洞大石桥，名曰迎仙桥。这街道即以青羊宫得名，叫作青羊场。虽然很小，却是南门外一个同等重要的米市与活猪市。

青羊宫全体结构是这样的：临着大路，是一对大石狮子；八字红墙，山门三道。进门，一片长方空坝，走完，是二门，门基比山门高一尺多，而修得也要考究些。再进去，又是一片长方空坝，中间是一条石子甬道，两侧有些柏树。再进去，是头殿，殿基有三尺来高，殿是三楹，两头俱有便门。再进去，空坝更大，树木更多，东西俱是配殿；西配殿之西北隅，另一个大院，是当家道士的住处、客堂，以及卖签票的地方。坝子正中，是一座修造得绝精致的八卦亭，亭基有五尺多高，四道石阶上去；全亭除了瓦桷，纯是石头造成，雕工也很不错；亭中供的是一尊坐在板角青牛背上的老子塑像，塑得很有神气。八卦亭之北，就是正殿了，大大的五楹，建在一片六尺来高，全用石条砌就的大露台之上；殿的正中，供了三尊绝大的塑像，传说是光绪初年，培修正殿之后，由一个姓曹的塑匠一手造成；像是坐着的，那么大，并不打草稿，而各部居然塑得很停匀，确乎不大容易。据说根据的是《封神榜》，中间是通天教主，上手是太上老君，下手是元始天尊，道士又称之曰三清。殿中除了两壁配塑的十二门徒肖像外，当面的左右还各摆了一具青铜铸的羊子，有真羊大，形态各殊，而铸工都极精致灵活；道士说是神羊，原本一对，走失了一只，有一只是后来配的，只有一只角，据说也通了神，设若你身上某一部分疼痛，你只须在神羊的某一部分摸一摸，包你会好，不过要出了功果钱才灵。但一班古董家却说这一只独角羊原本是南宋朝宫廷中的熏垆，在康熙年间，被四川遂宁张鹏翮大学士从北京琉璃厂买得，后来带回成都，施与青羊宫的。证据是，铜座上本有一方什么阁珍玩字样的图记，虽为道士凿补，痕迹却仍显然；其次是张鹏翮的曾孙、乾隆嘉庆之间四川有名诗人张问陶号船山的一首诗和自注，更说得明白。不过古董家的考据，总不如道士的神话动人。正殿后面空坝不大，别有一座较小的殿，踞在一片较高的月台上，那是观音殿。再由月台两畔抄进去，又是一殿，三楹有楼，楼下是斗姆殿，楼上是玉皇阁，殿基自然更要高点。东西两侧，各有一座四丈来高，人工造就的土台，缭以短垣，升以石阶，台上各有小殿一楹；东曰降生台，西曰得道台。穿过斗姆殿，相去一丈之远，逼着后檐又是一座丈许高的石台。以地势言，算是全庙中的最后处，也是最高处。台上一座高阁，祀的是唐高祖李渊的塑像，这或许是御用历史家所捏造的李渊与老聃有什么关系吧？

二月十五日，说是老子的诞辰。这一天，青羊宫的香火很盛，而同时又是农具竹器以及各种实用物件集会交易之期，成都人不称赶庙会，只简单称为赶青羊宫，也是从这一天开始，一直要闹到三月初十边。

四乡的人，自然要不远百里而来，买他们要用的东西。城里的人，更喜欢来。不过他们并不像乡下人是安心来买农具竹器的，他们也买东西，却买的是小玩意儿、字画、玉器、花草等；而他们来此的心情，只在篾棚之下，吃茶吃酒，作春郊游宴罢了。就是官宦人家、世家大族的太太、奶奶、小姐、姑娘们，平日只许与家中男子见面的，在赶青羊宫时节，也可以露出脸来，不但允许陌生的男子赶着看她们，而她们也会偷偷地下死眼来看男子们，城里人之喜欢赶青羊宫，而有时竟要天天来者，这也是一种大原因。

青羊宫之东，一墙之隔，还有一所道士庙子，叫二仙庵。也很宏大，并且比青羊宫幽邃曲折，房屋也要多些，也要紧凑些。庙门之外，是一带楠木林，再外是一片旱田，每年赶青羊宫时，将二庙之间的土墙挖断，游人们自会从墙缺上来往。

青羊宫这面，是农具、竹器、字画、小饮食集合之所。二仙庵的旱田里，则是把小春踏平，搭上篾棚卖茶酒，种花草树木的地方，而庵里便是卖小玩意儿和玉器之处。

十多年前有一位由经商起家的姓马的绅士，在二仙庵道士坟之前，临着大路，又修造了一所别墅，小有布置。原为纪念他一个儿子和一个女儿的，因为好名心甚，遂硬派他这两个害痨病夭折的儿女，作为孝儿孝女，花了好多银子，违例谋到一道圣旨，便在门前横跨大路，造就一道石坊，门上也悬了一块匾，题曰双孝祠。平日本可借给人宴会，到赶青羊宫，更是官绅宴集之所了。

此外，在对门河岸侧，还有一个极其小巧的所在，叫百花潭。是前二三十年，一个姓黄的学政造作的假古董，也还可以起坐。

大波（节选）

李劼人

武侯祠，纪念蜀汉丞相诸葛亮的祠堂，是中国唯一的君臣合祀祠庙。枕江楼是靠近万里桥的一家小饭铺。本文是李劼人的小说《大波》的节选。文章对古迹的细腻描绘，写得全面、透彻，对当时的生活场景与方式的描写，写得有真实感、亲切感。

流风（节选）

城里人都相信轿行的计算，说出南门到武侯祠有五里路。其实走起来，连三里都不到。过了南门大桥——也就是万里桥，向右手一拐，是不很长的西巷子，近年来修了些高大街房，警察局制订的街牌便给改了个名字，叫染靛街。出染靛街西口向左，是一条很不像样的街，一多半是烂草房，一少半是偏偏倒倒的矮瓦房，住的是穷人，经营的是鸡毛店。这街更短，不过一两百步便是一道石拱小桥，街名叫凉水井，或许多年前有口井，现在没有了。过石拱桥向左，是劝业道近年才开办的农事试验场。其中很培植了些新品种的蔬菜花草，还有几头费了大事由外国运回做种的美利奴羊。以前还容许游人进去参观，近来换了场长，大加整顿，四周筑了土围墙，大门装上洋式厚木板门扉，门外砖柱上还威武地悬出两块虎头粉牌，写着碗口大的黑字：农场重地，闲人免进。从此，连左近的农民都不能进去，只有坐大轿的官员来，才喊得开门，一年当中官员们也难得来。过石拱桥稍稍向右弯出去，便是通到上川南、下川南去的大路。大路很是弯曲，绕过两个乱坟坡，一下就是无边无际的田亩。同时，一带红墙，墙内郁郁苍苍的丛林山一样耸立在眼面前的，便是武侯祠了。

武侯祠只有在正月初三到初五这三天最热闹。城里游人几乎牵成线地从南门走来。溜溜马不驮米口袋了，被一些十几岁的穿新衣裳的小哥们用钱雇来骑着，拼命地在土路上来往地跑。马蹄把干土蹴踢起来，就像一条丈把高的灰蒙蒙的悬空尘带。人、轿、叽咕车都在尘带下挤走。庙子里情形倒不这样混乱。有身份的官、绅、商、贾多半在大花园的游廊过厅上吃茶看山茶花。善男信女们是到处在向塑像磕头礼拜，尤其要向诸葛孔明求一匹签，希望得他一点暗示，看看今年行事的运气还好吗，姑娘们的婚姻大事如何，奶奶们的肚子里是不是一个贵子。有许愿的，也有还愿的，几十个道士的一年生活费，全靠诸葛先生的神机妙算。大殿下面甬道两边，是打闹年锣鼓的队伍集合地方，几乎每天总有几十伙队伍，有成年人组成的，但多数是小哥们组成，彼此斗着打，看谁的花样打得翻新，打得利落，小哥们的火气大，成年人的功夫再深也得让一手，不然就要打架，还得受听众的批评，说不懂规矩。娃儿们不管这些，总是一进山门，就向遍地里摆设的临时摊头跑去，吃了凉面，又吃豆花，应景的小春卷、炒花生、红甘蔗、牧马山的窖藏地瓜，吃了这样，又吃那样，还要掷骰子、转糖饼。有些娃儿玩一天，把挂挂钱使完了，还没进过二门。

本来是昭烈庙，志书上是这么说的，山门的匾额是这么题的，正殿上的塑像也是刘备、关羽、张飞，两庑上塑的，不用说全是蜀汉时代有名的文臣武将，但凡看过三国演义的人，看一眼都认识；一句话说完，设如你的游踪只到正殿，你真不懂得明明是纪念刘备的昭烈庙，怎么会叫作武侯祠？但是你一转过正殿，就知道了。后殿神龛内的庄严塑像是诸葛亮，花格殿门外面和楹柱上悬的联对所咏叹的是诸葛亮，殿内墙壁上嵌的若干块石碑当中，最为人所熟悉的，又有杜甫那首“丞相祠堂何处寻，锦官城外柏森森”的七言律诗，凭这首诗，就确定了这里不是昭烈庙而是诸葛亮的祠堂。话虽如此，但东边墙外一个大坟包仍然是刘备的坟墓惠陵，而诸葛亮的坟墓，到底还远在陕西沔县的定军山中。

武侯祠的庙宇和林盘，同北门外的昭觉寺比起来，小多了，就连北门内的文殊院，也远远不如。可是它的结构布置，又另具一种风格：一进二门，笔端一条又宽又高的、用砖石砌起的甬道，配着崇宏的正殿，配着宽敞的两庑，配着甬道两边地坝内若干株大柏树，那气象就给人一种又潇洒又肃穆的感觉；转过正殿，几步石阶下去，通过一道不长的引廊，便是更雄伟更庄严的后殿；殿的两隅是飞檐流丹的钟鼓楼；引廊之西，隔一块院坝和几株大树，是一排一明两暗的船房，靠西的飞栏椅外，是一片不大不小、有暗沟与外面小溪相通的荷花池；绕池是游廊，是水榭，是不能登临的琴阁，是用作覆盖大石碑的小轩；隔池塘与船房正对的土墙上，有一道小门，过去可以通到惠陵的小寝殿，不必绕过道士的仓房再由正门进去。就这一片占地不多的去处，由于高高低低几步石阶，由于曲曲折折几道回栏，由于疏疏朗朗几丛花木，和那高峻谨严的殿角檐牙掩映起来，不管你是何等样人，一到这里，都愿意在船房上摆设着的老式八仙方桌跟前坐下来，喝一碗道士卖给你的毛茶，而不愿再到南头的大花园去了。

但是楚用来到船房一看，巧得很，所有方桌都被人占了；还不像是吃一碗茶便走的普通游人，而是安了心来趁凉、来消闲的一般上了年纪的生意人和手艺人；多披着布汗衣，叼着叶子烟竿，有打纸牌的，有下象棋的，也有带着活路在那里做的。人不少，却不像一般茶铺那么闹嚷，摆龙门阵的人都轻言细语。

欢送会（节选）

他当然不能推辞，只好说两句应该说的抱歉话，便一同朝着文庙前街，再沿上莲池边，插向南门走去。

枕江楼是前年重修南门大桥——一般叫作万里桥时，才趁热闹开张的一家小饭铺。地点选得还好，恰处在大桥上流的岸边，临着锦江江水，砌了一道短短的石堤。堤上简简单单地修了一排仅蔽风雨的瓦顶平房。平房尽头处，也就在石堤尖端，盖了一间圆形草亭。石堤得亏比大桥低，向下流头望去，靠岸第二孔石拱桥洞恰似它的大门。大门外景致甚好：天竺寺的后围墙，墙外临河小路，路边的大黄桷树，树脚下的石碛，石碛上面的水波，那么远法，看来真像画面。只是近处岸边一座积得山样的垃圾堆，成天都有一些穷妇女穷小孩蹲在上面刨渣滓，找东西，不免有点杀风景。毕竟因为地当桥洞，又在水流湍激之处，无论何时，好像总有一股凉风拂人，在天气热时，这地方的确是一个趁凉饮酒的雅座。而且上流头也是一大片鹅卵石坝，坝上河岸边一排斫折不死的老杨树，树下是个卖鱼虾的小码头，好吃嘴的客人每每亲自去买了鱼虾，烦厨房大师傅趁活做出来，非常好吃。这一切都合上了成都人的口味。于是它便从一个普通小饭铺摇身一变，变成一家馆厨派而兼家常味的、别具风格的中等南堂馆子。座头幽雅，又有天然景致，更兼价廉物美，首先来照顾它的是南门一带生意人，就不办会酒，也常来打平伙。其次的常客是学生们。到学生们作了常客，才悬上招牌，不知是哪位雅人给它取了这个切合实景而又带有诗意的名字：枕江楼。虽然这时还只有楼之名，而无楼之实。

枕江楼只有五个座头，寒冬数九还好，从初春赶青羊宫的日子起，它这里就生意兴隆。如其在下午两三点钟来，包你不能够随来随坐，人少也绝不能独霸一个座头，不让后客来镶一下的。

这天，顾天成三人来时，刚从大桥这头走进一间柴炭铺子的过道，再下几级石阶，踏上枕江楼的石堤，就听见全排平房里全是高声大嗓、划拳闹酒、谈家常话、讲生意经的声气。从没有糊纸的菱形窗格中看过去，只见盘着发辫的头，精赤条条的背脊和膀膊，原来正逢上座时候。

吴凤梧站在石级上说：“好生意！”

顾天相说：“我的估计没错罢？依我说，还是到北新街的精记去。不然，就总府街的崧记也好。”

顾天成前天来吃过这里的醋溜五柳鱼和醉鲜虾。觉得精记、崧记都只有蒸菜、炖菜，没变化。光是吃饭倒方便，泡菜都不差。但这里……隔着木栏杆，看见厨房正在煠鱼，炉火好旺，岚炭火焰从耳锅边冒起来好几寸高。四五个人站在菜案边挤虾仁。另一个厨子从炉子上一个挺大沙罐里，热漉漉地舀了一中碗黄焖鸡，把旁边耳锅里刚焯好了的三塌菇盖上两汤勺，递给身旁一个堂倌道："亭子上的。"堂倌打从身边过时，啊！好香！顾天成决心不打退堂鼓。

"喂！找个座头。只有三个人，镶一镶都使得。"

薛涛井

舒新城

薛涛井，旧名玉女津，在今成都望江楼公园内。该井井水十分清澈，是明代的蜀藩制笺处。因此水曾用于当时仿制薛涛笺，因此被说成是薛涛制笺取水之井。

望江楼在城东十余里之锦江岸，楼因临江而得名。（成都之名锦城，亦由此江而来。）薛涛井即在其中，据闻有修竹茂林，楼阁水榭，为游人休憩之所，我们于早九时出东门，因贪看沿途景色，十一时半方到。

望江楼因年久失修，颇有倾倒之象。但楼上游人仍然不少，我们到时并见有青年数人占着楼上的正房，正在那里打牌。两旁的偏房，也为他人占去。茶房乃引我们去游人不常到的方一楼上饮茶。这地方面积不过三四亩。但配置得当，临江的一面有楼两座，对面为薛涛石像及关于她之各种碑记，井则在东北面。

我们坐在楼上饮茶，眼看得对河市上商贾与河中船夫的劳碌，忽然联想到薛涛的孤苦可怜，好像一个纯洁的美女，站在我面前受摧残而我无力援救者一般。她过了一生迎来送往的生活，总算是历尽了人世之苦，然而除了几个所谓词人骚客借着她的姓名舞文弄墨以自鸣风雅外，当时以至后世何曾有人为她洒同情之泪！她的遗迹又何尝不是风流自命的人捏造的，她的真正的血和泪的苦况，我们又何从得知？

我怀疑薛涛的遗迹，我深悔不该来此白费光阴！

蓉行杂感

张恨水

在张恨水先生的文字中，成都的形象呈现为一系列的城市景观描写。在《北平情调》中，他以“成都是小北平”为成都定性，接下来的各篇由一处处的景观生发出来：《驻防旗人之功》围绕成都的皇城铺叙开来，《桐花凤》是看到李冰祠前的桐花引发的文字……他凭直觉印象来记录着他眼中的川府。

北平情调

不才随重庆新闻界参观团往成都，《上下古今谈》须停笔若干天，以代其缺。自然卖担担面儿的也不会做出鱼翅席，还是古今谈解数。

到过成都的人，都有这样一句话：成都是小北平。的确，匆匆在外表上一看，真是具体而微。但仔细观察一下，究竟有许多差别。凭我走马看洛阳之花的看法说，有一个统括的分析，那就是北平是壮丽，成都是纤丽；北平是端重，成都是静穆；北平是潇洒，成都是飘逸。自然这类形容词，有些空洞，然而除了这空洞的形容，也难于用少数的字去判断。若一定要切实的说一句，应当说是成都之北平味是“貌似”而微，而不能说是具体而微。

虽然成都这个城市，决不同于黄河以南任何都市。就是六朝烟水的南京，历代屡遭劫火，除了地势伟大而外，一切对成都都有愧色，苏杭二州更是绝不同调。由江南来的人，看到了这个都市，自然觉得这是别一世界。就是由北方来的人，也会一望而知这不是江南，成都之处就在此。

看成都的旧街道，两层矮矮的店铺夹着土质的路面宽达三四丈，街旁不断的有绿树。走小巷，两旁的矮墙，簇拥出绿色的竹木，稀少的行人，在土路上走着，略有步伐声。一个小贩，当的一声敲了小锣过去，打破了深巷的寂寞，这都是绝好的北平味。可是真正的老北平，他会感到绝不是刘邦的新丰。人家的粉墙上，少了壁画，门罩和梁架上，少了雕刻，窗栏未曾构成图案，一切建筑，是过于简单了。

看一个地方的情调，必须包括人民生活，自不定光看建筑，而旅客对于人民生活的体念又是一件难事。然则我们说成都之北平味，是貌似而微，不太武断吗？我说不，建筑也是人民生活之一部分，在这上面，可以反映到他的生活全貌。试看苏州人家的构造，纵有园林，也只有以小巧曲折见胜，你就可以知道苏州人之闲适，而不会是北平人之闲适。于是以成都之建筑，考察到北平风味，是不中不远矣。

驻防旗人之功

成都作为都城，在历史上，可以上溯到先秦。然而，它不能与西安、洛阳、开封、北平、南京比，因为它不过是一个诸侯之国，或僭号之国的都城而已。经较成为政治重心的时代，共有两次：一次是刘备在这里继承汉统，一是唐明皇避免安禄山之乱而幸蜀。但这在当时，为时太短，到如今又相距很久，留给成都的遗迹，那恐怕是已属难找。自赵宋灭孟氏之后，只有张献忠在这里大翻花样。然而，那并不是建设，是彻底的破坏。所以，我们看成都之构成今日的形式，应该是最近三百年来的储蓄，谈谈太远，那是不相干的。

满清一代，成都是西南政治军事文化据点之一，尤其是那班驻防旗人，他们扶老携幼，由北京南来，占了成都半个城，大大地给成都变了风气。他们本站在领导的地位，将北京的缙绅生活带到这里，自然会给人民一种羡慕荣华的引诱。在专制时代，原有“宫中好高髻，城中高一尺”的倾向，成都人民在旗人的统治与引诱之下也不例外，由清初到辛亥这样继续的仿效共二百年。然则这里的空气，有些北平味，那是不足为怪的。

桐花凤

自我们念过王渔洋的词：“郎是桐花，妾是桐花凤。”我们就联想到桐花凤是怎样一种鸟？这回在灌县离堆的李冰祠面前，我们有个机会仔细地看到了。鸟贩子将竹丝笼子，各关着两头或三头，送到游客前面来兜售。这小小的动物，它比燕子或麻雀，还小到一半，嘴长而弯，像钓鱼钩，紫色头，大红脖子，胸脯黄，与颈毛交错，翅领深灰色，中间夹着淡黄，尾长二寸余，约为身体之两倍，翡翠色。总而言之，美极了。就为了它太美，捕鸟者，就把它关在笼子里了。

它是怎样被捕的呢？这里有无数的桐花树，高达六七丈，淡紫色的桐花，大如酒杯，作喇叭形成球样的开在枝上。大概是花蕊里有蜜，桐花凤与蝴蝶一样，在树枝上飞来飞去，时时钻进花里吃蜜。捕鸟人利用它这个弱点，将长竹竿接上两三根，顶上涂以胶着物，再抹些香蜜，它就被粘着了。据说，这鸟被关在笼子里，顶多一个月就死，甚者只可过两三天。在这小鸟不住将头伸出这竹丝笼子里来，便知它是如何焦躁了。“妾是桐花凤”，的确不错，有美丽的羽毛，又想吃蜜者，可以鉴诸！

武侯祠夺了昭烈庙

到成都的人，都会想起了这两句诗：“丞相祠堂何处寻？锦官城外柏森森。”但据此间考据家的考察，现在的武侯祠，实在是昭烈庙，原来的武侯祠，已经毁灭，不过，后殿有诸葛亮父子的塑像而已，这话我承认。因为我游普通人所谓“武侯祠”，看到那大门上明明写着昭祠的匾额了。那末，为什么臣夺君席呢？那就为了“诸葛大名垂宇宙”之故。

这庙的前殿，两廊有蜀国文武臣配享，殿左右也有关张的塑像，正殿左手还有个神龛，供着那个哭祖庙而自杀的刘谌。殿右角却空着，似乎是抱不起的刘阿斗，在这里占一席，而为后人驱逐了。

关于以上两点，我发生着很大的感慨，觉得公道存在天地间。凭一时代的权威供着长生禄位牌，终于是会与草木同腐的。王建在这里做过皇帝，他的陵墓当然是好，可是就成了庄田一千年。而现在发掘出来，人家都以为是奇迹了！

夜市一瞥

无意中在西城遇到一回夜市，在一条马路的人行道上，铺了许多地摊，夹街对峙。那菜油灯光的微光，照着地摊上的一些新旧杂货与书本，又恍然是北平情调。这虽然万万赶不上北平夜市的热闹，我跑了许多城市，还不见第三处有这作风，恐怕这又是驻防旗人所带来的玩艺了。

夜市中最让我惊异的，就是发现有十分之三的地摊，都专卖旧式婴儿帽箍。这种帽箍，是用零碎绸片剪贴，或加以绣花，有狮子头，莲花瓣等类。不说我们的孩子，就是我的兄弟辈，也没有戴过这种帽儿，它早被时代淘汰了。今日今时，在这些地摊上，竟是每处都有千百顶，锦绣成堆，怪乎不怪？于是我料想到这是到农村去的东西，并推想到川西坝子上，农人的如何富有，又如何不改保守性。而成都的手工业，积蓄很厚，也不难于此窥见一斑。这些作帽箍的女工若能利用起来，是不难让她们做些更适用的东西吧？欧洲在闹着人力荒，我们之浪费人力，却随处皆是。

茶馆

北平任何一个十字街口，必有一家油盐杂货铺（兼菜摊），一家粮食店，一家煤店。而在成都不是这样，是一家很大的茶馆，代替了一切。我们可知蓉城人士之上茶馆，其需要有胜于油盐小菜与米和煤者。

茶馆是可与古董齐看的铺，不怎么样的高的屋檐，不怎么白的夹壁，不怎么粗的柱子，若是晚间，更加上不怎么亮的灯火（电灯与油灯同），矮矮的黑木桌子（不是漆的），大大的黄旧竹椅，一切布置的情调是那样的古老。在坐惯了摩登咖啡馆的人，或者会望望然后去之。可是，我们就自绝早到晚间都看到这里椅子上坐着有人，各人面前放着一盖碗茶，陶然自得，毫无倦意。有时，茶馆里坐得席无余地，好像一个很大的盛会。其实，各人也不过是对着那一盖碗茶而已。

有少数茶馆里，也添有说书或弹唱之类的杂技，但那是因有茶馆而生的，并不是因演杂技而产生茶馆。由于并不奏技，茶座上依然满坐着茶客可以证明。在这里，我对于成都市上之时间充裕，我极端地敬佩与欣慕。苏州茶馆也多，似乎仍有小巫大巫之别。而况苏州人还要加上一个吃点心，与五香豆、糖果之类，其情况就不同了。一寸光阴一寸金，有时也许会作个例外。

厕所与井

据农业专家说，人粪是中国一项最大的收获。全国粪量，每年至少五千万万斤，若按每百斤粪值法币一元计算，也共值五十万万元。而事实上却数倍不止。粪里含有重要的肥田物质氮、磷酸与加里，是农家的宝物。

成都一部分置产者，也许看透了这一点，所以除了家中大概有个积粪的毛坑外，每条街或街巷口上，都有一个公厕，以资收获。这在经济上说，是无可非议的，而于公共卫生上，及市容上说，却是这花鸟之国的盛德之累。小学生也知道，苍蝇可以传染许多疾病，而毛坑却是生产苍蝇的大本营。公厕太多，又没消毒和杀蝇的设备，这是一个可注意的事吧？

其次，我们就联想到井。成都是盆地，到处可以掘井，除了公井外，成都许多人家都有私井，这井并与毛坑相隔很近（某外国名字的大旅馆的井与毛坑就相距不过三丈），毛坑里的粪水渗透入地，似乎跟着潜水，有流入井中的可能。这样，热天就极易传染痢疾。我想成都市政当局，决不会不考虑及此，何以至今还没有加以改良呢？

下次再来成都，我将在厕所与井上，以考察市政进步之程度。

安乐宫

记不起是在哪条街上，经过一座庙，前面像庙门敞着，像个旧式商场，后面还有红漆栏杆，围绕了一座大殿。据朋友说，那里供着由昭烈祠驱逐出的安乐公刘阿斗，这庙叫安乐宫，前面是囤积居奇的交易所。这太妙了，阿斗的前面也不会有爱国家爱民族的人，他们是应该混合今古在一处的。朋友又说戏台上有一块匾，用着刘禅对司马炎的话，“此间乐，不思蜀矣”那个典故，题为《此间乐》，我想此匾，切人切事，很好，可是切不得地。请想，把引号里的话，出之囤积商人之口，岂不危乎殆哉？

蜀除帝喾之子封侯，公孙述称蜀王，李雄称成都王外，还有三大割据皇帝：刘备、王建、孟知祥，而都不过二传，他们的儿子，刘禅荒淫庸懦自不必说，王衍虽能文而不庸，可是荒淫无耻了，孟昶更是奢侈专家，七宝便壶，名扬千古。因之他们也就同走了一条路，敌人来了就投降。

于是，我们下个结论：“川地易引不安分之徒来割据，割据之后，就以国防安全感而自满。自满之后，就是不抵抗之灭亡了。”此间乐，其然乎？岂其然乎？

王建玉策

在博物馆里，我们看见由王建墓里挖掘出来的许多东西，而尤其使我发出着感慨的是一排玉策。每条策上的楷书，还算清楚。他儿子“前蜀后主”王衍，一般的以正统自居，开宗明义，大书“大行皇帝”云云。我们可以想到历史上割据四川的人物，向来是无法无天的了。

在这里，我们不妨谈谈王建之为人。五代史前蜀世家记着，他是舞阳人，字光图，年轻时，以屠牛盗驴贩卖私盐为生，后从军，为队将，黄巢造反长安，他就转进入川，做了四川节度使，唐室不得已而封他为蜀王。唐亡，他就称帝，这个人是彻头彻尾一个不安分之徒，生之时，他享尽荣华，死之后，还有一番大排场，与其说是他八字好，毋宁说是四川地势便宜了他。设若唐代有一条大路通成都，王建恐怕做不了二十八年皇帝。所以据我们书生之见，治蜀还是以交通第一。

川戏《帝王珠》

生平最怕读《元史》，君臣许多铁木耳（或贴木耳、帖睦耳，其音一也），皇后总是弘吉剌。且兄弟叔伯，出入帝位，像走马灯一样，实在记不清。在川戏台上，遇到一出《帝王珠》，被考倒了，一直到现在，无法知故事的出处。

戏的故事是这样：皇帝率两弟还都，杀文武臣四人，太后原与文人私通，出面干涉，帝当后前杀一人，太后刺激过甚就疯了，皇帝因太后淫荡之态太过，不能堪，就让他的卫将，把太后当场刺死。我们查遍《元史》，并无此事。而懂川戏的人说，那个年轻皇帝是铁木耳，当是元成祖，但成祖并没有杀过太后，而且他的太后弘吉剌，有贤名。只有一点可附会，就是铁木耳死，丞相阿忽台谋奉皇后伯岳吉临朝垂帘听政。铁木侄“爱育黎拔力八达”（仁宗）与海山（武宗）入朝，杀丞相，并废杀皇后。但这分明不是太后，且与铁木耳无关，和剧情又不同了。

但就戏论，萧克琴扮演老年妇人的性心理变态，极好。相信此戏剧创作者，必有所讽刺。若不出五十年，那就应该是刺西太后的了。清末，汉人多用金元故事以讥讽朝廷，这或者是一例子。

手工艺

物产展览会的手工艺品，真是琳琅满目，美不胜收。这何用说，是好好好！

然而，我有另一个感想，觉得往年的四川保路会，实在给予四川一个莫大的损害。假使川汉铁路成在十年之前，把西洋的机器运入成都平原，以成都工人这一双巧手，这一具灵敏的脑筋，任你飞机上的机件如何复杂，我想，他们绝不会是目无全牛的。

走过昌福馆，看到细致的银器；走过九龙巷，看到美丽的丝绣；同时发现那些工人，并不是我们所理想的纤纤玉手的女工，而是蓬头发，黄面孔，穿了破蓝布褂的壮汉。让我想到川西人是相当的“内秀”，不能教他造飞机零件，而让他织被面，实在可惜之至！

虽然经过某街，看到印书匠还在雕刻木版，舍活字版而不用，又感到好玩，手工艺，是成都一个特殊作风。

杨贵妃惜不入蜀

遍成都找不出唐明皇留下的一点遗迹，于是后人疑到天回镇便回去了（可能此镇取名于李白诗：“天回玉垒作长安”）。天回镇到成都十四华里，唐明皇至此，岂有不入城之理？事实上，明皇从天宝十五年入蜀，七月至成都。作太上皇之后一年，肃宗至德二年十一月离开成都，在蓉已有一年多了。然而在成都城里，实在不能揣测唐明皇行都之所在。

我这样想：假使杨玉环跟着李三郎入蜀，那情形就当两样，至今定有许多遗迹被人凭吊。试看薛涛，不过是个名妓，还有着一个望江楼，开下好几个茶社。枇杷门巷的口上（尽管是附会）还有一个亭榭拓着薛姑娘的石刻像出卖呢！以杨氏姊妹之名花倾国，正适合成都人士风雅口味，其必有所点缀，自不待言了。

孟知祥之不如孟昶有名，就因为他没有花蕊夫人。在这些地方，你就不能不歌颂女人伟大了。明皇无宫，薛涛有井，此成都之所以为成都也。则其在今日无火药味，何怪焉。

由李冰想到大禹

李冰是四川人最崇拜的一个人，其功虽大，有时也许过神其说。若以治水而论，我想一切不必是李氏的发明，一部分当是承袭古法，这我有个依据。《华阳国志》记望帝之事说："其人开明，决玉垒以除水害。"玉垒便是离堆的主峰，李冰凿离堆以成内江，岂不是先有了开明为之在前吗？又李氏治水，有"遇弯截角，逢正抽心"八字诀。我们看了大禹治水，也不外乎此。黄河由北而南，阻于龙门，禹凿龙门以通河，这又是凿离堆以前的方法了。

大禹这个人，我们自不必认他是"一条虫"，那太离奇了；但亦不必断定硬有这个人。可是上古的水患，各诸侯之国曾自为治理，而又经过一个人更系统地修一下，或者去事实不远。假如这个假定可以成立，这个人就是大禹了（虽然他不一定叫大禹）。既然有人在李冰之先，大治过水，那么，李冰有所取法乎前人，那也是必然之事。

此外，我们又有所引申，李冰治成都之水，父启子继，费了许多时候。禹治全国之水，却只九年，应当是不可能。所以《禹贡》一篇，我们可以用孟轲之言，尽信书：“则不如无书。”

青蓉略记

老舍

老舍先生曾多次来到成都，这篇是他其中一次来成都的记录，既有他对游玩过程的如实记载，也有他游山玩水中的思考。本文的最大特色便是此。当然，自古以来，许多游记散文皆是此类写法。

今年八月初，陈家桥一带的土井已都干得滴水皆无。要水，须到小河湾里去“挖”。天既奇暑，又没水喝，不免有些着慌了。很想上缙云山去“避难”，可是据说山上也缺水。正在这样计无从出的时候，冯焕章先生来约同去灌县与青城。这真是福自天来了！

八月九日晨出发。同行者还有赖亚力与王冶秋二先生，都是老友，路上颇不寂寞。在来凤驿遇见一阵暴雨，把行李打湿了一点，临时买了一张席子遮在车上。打过尖，雨已晴，一路平安的到了内江。内江比二三年前热闹得多了，银行和饭馆都新增了许多家。傍晚，街上挤满了人和车。次晨七时又出发，在简阳吃午饭。下午四时便到了成都。天热，又因明晨即赴灌县，所以没有出去游玩。夜间下了一阵雨。

十一日早六时向灌县出发，车行甚缓，因为路上有许多小渠。路的两旁都有浅渠，流着清水；渠旁便是稻田：田埂上往往种着薏米，一穗穗的垂着绿珠。往西望，可以看见雪山。近处的山峰碧绿，远处的山峰雪白，在晨光下，绿的变为明翠，白的略带些玫瑰色，使人想一下子飞到那高远的地方去。还不到八时，便到了灌县。城不大，而处处是水，像一位身小而多乳的母亲，滋养着川西坝子的十好几县。住在任觉五先生的家中。孤零零的一所小洋房，两面都是雪浪激流的河，把房子围住，门前终日几乎没有一个行人，除了水声也没有别的声音。门外有些静静的稻田，稻子都有一人来高。远望便见到大面青城雪山，都是绿的。院中有一小盆兰花，时时放出香味。

青年团正在此举行夏令营，一共有千名以上的男女学生，所以街上特别地显着风光。学生和职员都穿汗衫短裤（女的穿短裙），赤脚着草鞋，背负大草帽，非常的精神。张文白将军与易君左先生都来看我们，也都是“短打扮”，也就都显着年轻了好多。夏令营本部在公园内，新盖的礼堂，新修的游泳池；原有一块不小的空场，即作为运动和练习骑马的地方。女学生也练习马术，结队穿过街市的时候，使居民们都吐吐舌头。

灌县的水利是世界闻名的。在公园后面的一座大桥上，便可以看到滚滚的雪水从离堆流进来。在古代，山上的大量雪水流下来，非河身所能容纳，故时有水患。后来，李冰父子把小山硬凿开一块，水乃分流——离堆便在凿开的那个缝子的旁边。从此双江分灌，到处划渠，遂使川西平原的十四五县成为最富庶的区域——只要灌县的都江堰一放水，这十几县便都不下雨也有用不完的水了。城外小山上有二王庙，供养的便是李冰父子。在庙中高处可以看见都江堰的全景。在两江未分的地方，有驰名的竹索桥。

距桥不远，设有鱼嘴，使流水分家，而后一江外行，一江入离堆，是为内外江。到冬天，在鱼嘴下设阻碍，把水截住，则内江干涸，可以淘滩。春来，撤去阻碍，又复成河。据说，每到春季开水的时候，有多少万人来看热闹。在二王庙的墙上，刻着古来治水的格言，如深淘滩，低作堰……等。细细玩味这些格言，再看着江堰上那些实际的设施，便可以看出来，治水的诀窍只有一个字——“软”。水本力猛，遇阻则激而决溃，所以应低作堰，使之轻轻漫过，不至出险。水本急流而下，波涛汹涌，故中设鱼嘴，使分为二，以减其力；分而又分，江乃成渠，力量分散，就有益而无损了。作堰的东西只是用竹编的篮子，盛上大石卵。竹有弹性，而石卵是活动的，都可以用“四两破千斤”的劲儿对付那惊涛骇浪。用分化与软化对付无情的急流，水便老实起来，乖乖的为人们灌田了。

竹索桥最有趣。两排木柱，柱上有四五道竹索子，形成一条窄胡同儿。下面再用竹索把木板编在一处，便成了一座悬空的，随风摇动的，大桥。我在桥上走了走，虽然桥身有点动摇，虽然木板没有编紧，还看得到下面的急流，——看久了当然发晕——可是绝无危险，并不十分难走。

治水和修构竹索桥的方法，我想，不定是经过多少年代的试验与失败，而后才得到成功的。而所谓文明者，我想，也不过就是能用尽心智去解决切身的问题而已。假若不去下一番功夫，而任着水去泛滥，或任着某种自然势力兴灾作祸，则人类必始终是穴居野处，自生自灭，以至灭亡。看到都江堰的水利与竹索桥，我们知道我们的祖先确有不甘屈服而苦心焦虑的去克服困难的精神。可是，在今天，我们还时时听到看到各处不是闹旱便是闹水，甚至于一些蝗虫也能教我们去吃树皮草根。可怜，也可耻呀！我们连切身的衣食问题都不去设法解决，还谈什么文明与文化呢？

灌县城不大，可是东西很多。在街上，随处可以看到各种的水果，都好看好吃。在此处，我看到最大的鸡卵与大蒜大豆。鸡蛋虽然已卖到一元二角一个，可是这一个实在比别处的大着一倍呀。雪山的大豆要比胡豆还大。雪白发光，看着便可爱！药材很多，在随便的一家小药店里，便可以看到雷震子、贝母、虫草、熊胆、麝香，和多少说不上名儿来的药物。看到这些东西，使人想到西边的山地与草原里去看一看。啊，要能到山中去割几脐麝香，打几匹大熊，够多威武而有趣呀！

物产虽多，此地的物价可也很高。只有吃茶便宜，城里五角一碗，城外三角，再远一点就卖二角了。青城山出茶，而遍地是水，故应如此。等我练好辟谷的功夫，我一定要搬到这一带来住，不吃什么，只喝两碗茶，或者每天只写二百字就够生活的了。

在灌县住了十天。才到青城山去。山在县城西南，约四十里。一路上，渠溪很多，有的浑黄，有的清碧：浑黄的大概是上流刚下了大雨。溪岸上往往有些野花，在树荫下幽闲的开着。山口外有长生观，今为荫堂中学校舍；秋后，黄碧野先生即在此教书。入了山，头一座庙是建福宫，没有什么可看的。由此拾阶而前，行五里，为天师洞——我们即住于此。由天师洞再往上走，约三四里，即到上清宫。天师洞上清宫是山中两大寺院，都招待游客，食宿概有定价，且甚公道。

从我自己的一点点旅行经验中，我得到一个游山玩水的诀窍：“风景好的地方，虽无古迹，也值得来，风景不好的地方，纵有古迹，大可以不去。”古迹，十之八九，是会使人失望的。以上清宫和天师洞两大道院来说吧，它们都有些古迹，而一无足观。上清宫里有鸳鸯井，也不过是一井而有二口，一方一圆，一干一湿；看它不看，毫无关系。还有麻姑池，不过是一小方池浊水而已。天师洞里也有这类的东西，比如洗心池吧，不过是很小的一个水池；降魔石呢，原是由山崖裂开的一块石头，而硬说是被张天师用剑劈开的。假若没有这些古迹，这两座庙子的优美自然一点也不减少。上清宫在山头，可以东望平原，青碧千顷；山是青的，地也是青的，好像山上的滴翠慢慢流到人间去了的样子。在此，早晨可以看日出，晚间可以看圣灯；就是白天没有什么特景可观的时候，登高远眺，也足以使人心旷神怡。天师洞，与上清宫相反，是藏在山腰里，四面都被青山环抱着，掩护着，我想把它叫作“抱翠洞”，也许比原名更好一些。

不过，不管庙宇如何，假若山林无可观，就没有多大意思，因为庙以庄严整齐为主，成不了什么很好的景致。青城之值得一游，正在乎山的本身也好；即使它无一古迹，无一大寺，它还是值得一看的名山。山的东面倾斜，所以长满了树木，这占了一个“青”字。山的西面，全是峭壁千丈，如城垣，这占了一个“城”字。山不厚，由“青”的这一头转到“城”的那一面，只须走几里路便够了。山也不算高。山脚至顶不过十里路。既不厚，又不高，按说就必平平无奇了。但是不然。它“青”，青得出奇，它不像深山老峪中那种老松凝碧的深绿，也不像北方山上的那种东一块西一块的绿，它的青色是包住了全山，没有露着山骨的地方；而且，这个笼罩全山的青色是竹叶，楠叶的嫩绿，是一种要滴落的，有些光泽的，要浮动的，淡绿。这个青色使人心中轻快，可是不敢高声呼唤，仿佛怕把那似滴未滴，欲动未动的青翠惊坏了似的。这个青色是使人吸到心中去的，而不是只看一眼，夸赞一声便完事的。当这个青色在你周围，你便觉出一种恬静，一种说不出，也无须说出的舒适。假若你非去形容一下不可呢，你自然的只会找到一个字——幽。所以，吴稚晖先生说："青城天下幽。"幽得太厉害了，便使人生畏；青城山却正好不太高，不太深，而恰恰不大不小的使人既不畏其旷，也不嫌它窄；它令人能体会到"悠然见南山"的那个"悠然"。

山中有报更鸟，每到晚间，即梆梆的呼叫，和柝声极相似，据道人说，此鸟不多，且永不出山。那天，寺中来了一队人，拿着好几支猎枪，我很为那几只会击柝的小鸟儿担心，这种鸟儿有个缺欠，即只能打三更——梆，梆梆——无论是傍晚还是深夜，它们老这么叫三下。假若能给它们一点训练，教它们能从一更报到五更，有多么好玩呢！

白日游山，夜晚听报更鸟，"悠悠"的就过了十几天。寺中的桂花开始放香，我们恋恋不舍地离别了道人们。

返灌县城，只留一夜，即回成都。过郫县，我们去看了看望丛祠；没有什么好看的，地方可是很清幽，王法勤委员即葬于此。

成都的地方大，人又多，若把半个多月的旅记都抄写下来，未免太麻烦了。拣几项来随便谈谈吧。

（一）成都文协分会：自从川大迁开，成都文协分会因短少了不少会员，会务曾经有过一个时期不大旺炽。此次过蓉，分会全体会员举行茶会招待，到会的也还有四十多人，并不太少。会刊——《笔阵》——也由几小页扩充到好几十页的月刊，虽然月间经费不过才有百元钱。这样的努力，不能不令人钦佩！可惜，开会时没有见到李劼人先生，他上了乐山。《笔阵》所用的纸张，据说，是李先生设法给捐来的；大家都很感激他；有了纸，别的就容易办得多了。会上，也没见到圣陶先生，可是过了两天，在开明分店见到。他的精神很好，只是白发已满了头。他的少爷们，他告诉我，已写了许多篇小品文，预备出个集子，想找我作序，多么有趣的事啊！郭子杰先生、陶雄先生都约我吃饭，牧野先生陪着我游看各处，还有陈翔鹤，车瘦舟诸先生约我聚餐——当然不准我出钱——都在此致谢。瞿冰森先生和中央日报的同仁约我吃真正成都味的酒席，更是感激不尽。

（二）看戏：吴先忧先生请我看了川剧，及贾瞎子的竹琴，德娃子的洋琴，这是此次过蓉最快意的事。成都的川剧比重庆的好得多，况且我们又看的是贾佩之、肖楷成、周慕莲、周企何几位名手，就更觉得出色了。不过，最使我满意的，倒还是贾瞎子的竹琴。乐器只有一鼓一板，腔调又是那么简单，可是他唱起来仿佛每一个字都有些魔力，他越收敛，听者越注意静听，及至他一放音，台下便没法不喝彩了。他的每一个字像一个轻打梨花的雨点，圆润轻柔；每一句是有声有色的一小单位；真是字字有力，句句含情。故事中有多少人，他要学多少人，忽而大嗓，忽而细嗓，而且不只变嗓，还要咬音吐字各尽其情；这真是点本领！希望再有上成都去的机会。多听他几次！

（三）看书：在蓉，住在老友侯宝璋大夫家里。虽是大夫，他却极喜爱字画。有几块闲钱，他便去买破的字画；这样，慢慢的他已收集了不少四川先贤的手迹。这样，他也就与西玉龙街一带的古玩铺及旧书店都熟识了。他带我去游玩，总是到这些旧纸堆中来。成都比重庆有趣就在这里——有旧书摊儿可逛。买不买的且不去管，就是多摸一摸旧纸陈篇也是快事啊。真的，我什么也没买，书价太高。可是，饱了眼福也就不虚此行。一般的说，成都的日用品比重庆的便宜一点，因为成都的手工业相当的发达，出品既多，同业的又多在同一条街上售货，价格当然稳定一些。鞋、袜、牙刷、纸张什么的，我看出来，都比重庆的相因着不少。旧书虽贵，大概也比重庆的便宜，假若能来往贩卖，也许是个赚钱的生意。不过，我既没发财的志愿，也就不便多此一举，虽然贩卖旧书之举也许是俗不伤雅的吧。

（四）归来：因下雨，过至中秋前一日才动身返渝，中秋日下午五时到陈家桥，天还阴着。夜间没有月光，马马虎虎的也就忘了过节。这样也好，省得看月思乡，又是一番难过！

㊂ 成都山水：半入江风半入云

蜀道难

[唐] 李白

蜀道，即进出四川的路。诗人袭用乐府古题，展开想象力，从多个角度描绘了秦蜀道路上奇丽惊险的山川。事实上，他在感慨蜀道之难的同时，也在感叹人生之路的艰辛。

噫吁嚱，危乎高哉！
蜀道之难，难于上青天。
蚕丛及鱼凫，开国何茫然！
尔来四万八千岁，不与秦塞通人烟。
西当太白有鸟道，可以横绝峨眉巅。
地崩山摧壮士死，然后天梯石栈相钩连。
上有六龙回日之高标，下有冲波逆折之回川。
黄鹤之飞尚不得过，猿猱欲度愁攀援。
青泥何盘盘，百步九折萦岩峦。
扪参历井仰胁息，以手抚膺坐长叹。
问君西游何时还？畏途巉岩不可攀。
但见悲鸟号古木，雄飞从雌绕林间。

又闻子规啼夜月，愁空山。

蜀道之难，难于上青天，使人听此凋朱颜。

连峰去天不盈尺，枯松倒挂倚绝壁。

飞湍瀑流争喧豗，砯崖转石万壑雷。

其险也如此，嗟尔远道之人胡为乎来哉！

剑阁峥嵘而崔嵬，一夫当关，万夫莫开。

所守或匪亲，化为狼与豺。

朝避猛虎，夕避长蛇，

磨牙吮血，杀人如麻。

锦城虽云乐，不如早还家。

蜀道之难，难于上青天，侧身西望长咨嗟！

绝句三首·其二

[唐]杜甫

此诗是诗人退归草堂后的生活写照。从温江到草堂，乘船至先主庙，再到浣花溪，他又再次做起了卖药的生意。生活不易，地点不断转换，皆出于谋生。

水槛温江口，茅堂石笋西。
移船先主庙，洗药浣花溪。

江村

[唐]杜甫

诗人移居成都郊外浣花溪畔的草堂后，正值夏天来到，面对江流婉转、田园幽雅的美景，有感而发，书诗一首。通过对梁上燕、水中鸥、妻子画纸为棋盘、稚子做钓钩等场景的描写，再现了浣花溪畔那恬适安然的生活。

清江一曲抱村流，长夏江村事事幽。
自去自来梁上燕，相亲相近水中鸥。
老妻画纸为棋局，稚子敲针作钓钩。
但有故人供禄米，微躯此外更何求？

丈人山

［唐］杜甫

青城山，蜀中名山，在都江堰西南处，古称“丈人山”，号称三十六峰、八大洞、七十二小洞、一百零八景点，因青翠四合，状如城郭，故名青城。此山是中国道教发源地之一，相传东汉张天师修道于此，故为道教名山。

自为青城客，不唾青城地。
为爱丈人山，丹梯近幽意。
丈人祠西佳气浓，缘云拟住最高峰。
扫除白发黄精在，君看他时冰雪容。

送客游蜀

[唐] 张籍

诗人的诗歌创作受杜甫影响颇大，对他也是十分崇拜。也因为他，即便是送人入蜀，诗人也不忘特意叮嘱朋友，去那草堂，去那浣花溪，游一游。这样的深情，这样的推崇，让人感叹。

行尽青山到益州，锦城楼下二江流。
杜家曾向此中住，为到浣花溪水头。

锦城写望

［唐］高骈

蜀江，指锦江。传说蜀人织锦，若将其放入锦江水中洗濯，则会让锦色更加鲜艳，但若濯于他水，则锦色就会变得暗淡，因此得名锦江。诗人登楼远望，满眼皆是绮丽的春景。

蜀江波影碧悠悠，四望烟花匝郡楼。
不会人家多少锦，春来尽挂树梢头。

浣花泛舟和韵

［宋］吕陶

浣花溪，曾唤百花潭，流经杜甫草堂。此处风景秀丽，多游人往来。诗人用清新的笔调，生动描绘了壮观、奢丽的浣花游乐泛舟场面。此情此景，美得让人立刻想去泛舟。

野店村桥迤逦通，蜀江深处茂林中。
花潭近漾春波绿，彩阁相迎画舫红。
修岸几朝经密雨，芳樽尽日得清风。
诗翁旧隐知何在？且事嬉游与俗同。

成都后溪记

［宋］李新

本文记载了文彦博在阅武堂后开凿一条后溪的前因后果。通过对此事迹的讲述，一方面赞美文彦博之举，为民解忧；另一方面也教育人们不能只顾眼前利益，要恩泽后世。

大皂之水，由羌城中来，裂地擘山，下合岷水，东分为沱；西北注成都，离为内外二江：其一自小桥入都市，有笃渊、建昌、安乐、龟化等八桥跨水上。高骈广罗城，徙内江绕浮笮南之万里桥，回内江自洛阳门，至大东郭，俱汇于合水尾。

其后，沟洫堙塞，圃亡灌溉，人多疫疠，天灾流行，万井皆涸，不舒不泄，物无精华。太师鲁公曩镇全蜀，使治水者循大皂之源，得会仁、濯锦二乡使余之水，自曹翁堰导小渠，承以木樽，环武库至西楼。独府第有水，而城中无水。太师鲁公曰："城皆吾家，民皆吾子；一草一木，皆国中之利；而清流不及，何示不广？"

复凿水溪于阅武堂后，入诸部使者之肆。与凡帑藏所在，园无衡官，支分派决，均受漏泉之赐，逭前日桔槔抱瓮之苦。月堕清泚，无浊泾数斗之泥；风回漪涟，过灵河九里之润。

公相既归，从帝舜游岩（一作石）廊，垂三十年矣。后人简翫，溪亦不治。今龙学王公下车布政，咨诹父老，不作新奇，尽循太师鲁公之治。数月而政成，浚开后溪故道，水行如昔，邦人惊喜，再还旧观。

且楚芀掩为司马，鸠薮泽，数疆潦，规堰潴，町原防，以授子木；君子犹以为礼。是溪之成，忌者恶修，怠者不修，乃指为燕游张本。夫（一作决）不知光泽一方，备预后世，前人自有妙意。某江山褫魄，老不能书事，概论始终，以待久远考究云。

夜闻浣花江声甚壮

[宋]陆游

笮桥，古桥名，又名夷里桥，在成都城西南跨锦江。浣花溪，又名百花潭。词中写浣花江声甚壮，水势奔腾挟雷霆之势，带着蛟龙之威，声声在耳。诗人由此触景生情，想到失地未能收复，忧国之心跃然纸上。

浣江之东当笮桥。奔流啮桥桥为摇。
分洪初疑两蛟舞。触石散作千珠跳。
壮声每挟雷雨横。巨势潜借鼋鼍骄。
梦回闻之坐太息。铁衣何日东征辽。
衔枚度碛沙飒飒。盘槊断陇风萧萧。
不然投檄径归去。短篷卧听钱塘潮。

春晓

[宋] 陆游

年少时期，诗人曾来锦江边赏春，至此便深深将此景烙在了心里。多年后，看着新春的柳色，那些关于锦江春色的记忆又都统统翻涌了出来，任凭时光如何冲刷，也没有消褪。

喔喔鸡号野，昏昏月挂楼。
梦随残漏断，愁伴宿醒留。
壮志看清镜，春寒著弊裘。
拂窗新柳色，最忆锦江头。

题王庶山水

[元] 虞集

本诗是诗人为一位叫王庶的画家所画山水画的题诗。诗中不仅罗列了成都历史上有名的游览胜迹，还借用杜甫的诗意，来说明这幅山水画的意义。

蜀人偏爱蜀江山，图画苍茫咫尺间。
驷马桥边车盖合，百花潭上钓舟闲。
亦知杜甫贫能赋，应叹扬雄老不还。
花重锦官谁得见？杜鹃啼处雨斑斑。

蜀江春晓

[元]丁复

蜀江，即锦江。诗人乘舟春游锦江，逆流而上直至浣花草堂。这一路上桃红柳绿，燕舞莺啼；而草堂一带更是香草丛生，清澈的溪水澄净见底。如此美景却使作者有了惆怅之感，便劝人莫负春光，及时行乐。

蜀江二月桃花春，仙子江头裁锦云。
牙樯定子双荡桨，兰叶冲波愁杀人。
浣花诗客茅堂小，醉眼看春狎花鸟。
柳絮抛风乳燕斜，书帘卷雨啼莺晓。
蘼芜草生兰叶齐，碧流黛石青无泥。
郫筒有酒君莫惜，明日浅红如雨飞。

浣花溪记

［明］钟惺

浣花溪，又称百花潭，流经四川成都西郊。两岸竹柏苍翠，风光秀美，是唐宋以来的郊游胜地。作者以游览顺序通写全文，引导读者沿溪而下，移步观景。他将写景与抒怀集于一身，不仅描绘了浣花溪的景观，也包含了作者对杜甫人生经历的追忆和赞叹。

出成都南门，左为万里桥。西折纤秀长曲，所见如连环，如玦，如带，如规，如钩；色如鉴，如琅玕，如绿沉瓜，窈然深碧，潆回城下者，皆浣花溪委也。然必至草堂，而后浣花有专名，则以少陵浣花居在焉耳。

行三四里为青羊宫，溪时远时近，竹柏苍然，隔岸阴森者尽溪，平望如荠，水木清华，神肤洞达。自宫以西，流汇而桥者三，相距各不半里。舁夫云通灌县，或所云"江从灌口来"是也。人家住溪左，则溪蔽不时见，稍断则复见溪，如是者数处，缚柴编竹，颇有次第。桥尽，一亭树道左，署曰"缘江路"。

过此则武侯祠。祠前跨溪为板桥一，覆以水槛，乃睹"浣花溪"题榜。过桥，一小洲横斜插水间如梭。溪周之，非桥不通，置亭其上，题曰"百花潭水"。由此亭还，度桥，过梵安寺，始为杜工部祠。像颇清古，不必求肖，想当尔尔。石刻像一，附以本传，何仁仲别驾署华阳时所为也。碑皆不堪读。

钟子曰：杜老二居，浣花清远，东屯险奥，各不相袭。严公不死，浣溪可老，患难之于朋友大矣哉！然天遣此翁增夔门一段奇耳。穷愁奔走，犹能择胜，胸中暇整，可以应世，如孔子微服主司城贞子时也。

时万历辛亥十月十七日，出城欲雨，顷之霁。使客游者，多由监司郡邑招饮，冠盖稠浊，磬折喧溢，迫暮趣归。是日清晨，偶然独往。楚人钟惺记。

修觉山记

［明］钟惺

作者以杜甫之诗和唐明皇提笔为修觉山之景为铺垫，实景虚写，将读者带入一幅美丽的山水画中。然后，他又不断变换视角，随着山路的曲折蜿蜒，推出一个又一个幽美的画面，让人身临其境，不能自拔。

辛亥十月十有九日，早发新津。叔弟恬不知隔江者为何许山也，与童骑疾驱过之。予与艾子后。坐舟中，指江干削壁千仞，竹树榱桷，出没晴岚雪浪外者，异焉。问之，则修觉山。

子美《游修觉寺》诗曰："野寺江天豁，山扉花竹幽。诗应有神助，吾得及春游。径石相萦带，川云自去留。禅枝宿众鸟，飘泊暮归愁。"《后游》诗曰："寺忆昔游处，桥怜再渡时。江山如有待，花柳更无私。野润烟光薄，沙暄日色迟。客愁全为减，舍此何欲之。"及唐明皇幸蜀，大书"修觉山"三大字嵌石壁，今犹存者，即其处也。

决策登焉。所从径，裒山石之复者为磴，乱整枉直，各肖其理，登者屡憩，憩处每平，平处每当竹树隙，隙处必从其下左方见江。江错碛渚，或圆或半，或逝或返，去留心目间。土人缚竹为乱。若童子置叶盎中以度蚁。设身处地，颇危之。从上视下，轻且驶，甚适也。度磴去顶可四五之一，行住坐立，更端者数矣。其傍乃有石级齿齿，蜿蜒壁间者，往修觉寺道也。曰“姑舍是。”寻中径，数折，上有亭翼然，祠杜工部、李供奉、苏端明、方正学。方有石刻诗可读。亭后数武为宝华寺。礼佛毕，反。

自亭出山门左行。竹树纯驳夹砌，数折即修觉寺。寺前双井，一井置一塔，唐物也。明皇书嵌佛殿左侧岩壁上，字方广二三尺，一字各专一石，飞翥沈着，且甚完好。予入蜀所见唐碑，独此耳。

出寺无所见，欲返。寺僧指石隙一小径，才容足，出此径乃有平田大陆。复缘磴，数折，上矗然頫江者，曰雪峰，两寺乃在其下。始悟所云“磴去顶四五之一”者，第可指修觉耳，非此峰也。左眺稠梗山，如旅行而稍居其傍。下凭栏视江则已正，无所不见，不若初所见江之从其下左方也。然从下上修觉，去江趋远；从修觉上雪峰。视江乃反近。舟中所指“江干削壁”者，即今着脚处也。

降自雪峰，复绕井塔下。屈曲一二里许，不复见所由宝华寺径矣。乃忽得所谓“石级齿齿壁间往修觉寺道”者，则今还道也。与初所从径合。径穷登舆，是日抵彭山宿，记授弟恬。

和青城题壁诗

［清］骆成骧

赤城，青城山古名，因山岩色如赤城，故名。此山悬崖千寻，树木繁茂。俯仰之间，宫观亭台或隐匿在绝岩之下，或隐藏在密林之间，因此有“青城天下幽”的美称。

郁郁青城对赤城，深秋爽气扑人清。
书台草长重围合，仙洞花开四照明。
风过桂丛留客坐，雨余松盖倚天擎。
玉真闲共金华语，子晋归来鹤夜声。

锦江观潮

[清]沈廉

诗人用极豪放的笔墨，描绘着在锦江上的观潮体验。怒涛奔流，直撼芙蓉城，在诗人的刻意渲染下，寥寥数语便勾勒出的不仅有观潮时的震撼，也有想不断奋斗的冲劲。

桃花落尽春水生，锦江忽作辊雷鸣。
奔流欲转草堂去，大声撼动芙蓉城。
两岸回旋如走马，飞腾上下驰流星。
浪花排空百丈立，银河倒泻天为倾。
一气浑噩渺无尽，乾坤不觉如浮萍。
忆昔长江破巨浪，风帆乘我空中行。
身如沧海渺一粟，性命直与蛟龙争。
今日江城看春涨，披襟想像神犹王。
安得呼起浣花翁，相与乘舟坐天上。

㊃ 成都风情：锦城丝管日纷纷

十五夜观灯

［唐］卢照邻

开芳宴，唐朝时期的一种表示伉俪情深的传统习俗。此诗是诗人为元宵夜即兴而赋的。诗人以隽美的语言勾勒出了一幅元宵月夜，花灯丛簇，人流如织的繁华欢愉图景。

锦里开芳宴，兰缸艳早年。
缛彩遥分地，繁光远缀天。
接汉疑星落，依楼似月悬。
别有千金笑，来映九枝前。

赠花卿

[唐]杜甫

在花敬定府上的一次宴请中，诗人被一首乐曲吸引，便即兴挥毫写下了此诗。诗歌由实入虚，前两句写成都音乐的繁盛动听，昼夜不绝；后两句则以天上的仙乐加以升华，虚实相生，美妙至极。

锦城丝管日纷纷，半入江风半入云。

此曲只应天上有，人间能得几回闻？

乞彩笺歌

［唐］韦庄

诗人借薛涛托梦为由，向浣花溪上的一位专制彩笺者乞取彩笺。诗人对彩笺极尽渲染赞美，“孔雀衔来向日飞，翩翩压折黄金翼”，将薛涛、孔雀及彩笺联系在一起，想象奇异，亦真亦幻。

浣花溪上如花客，绿暗红藏人不识。
留得溪头瑟瑟波，泼成纸上猩猩色。
手把金刀擘彩云，有时剪破秋天碧。
不使红霓段段飞，一时驱上丹霞壁。
蜀客才多染不供，卓文醉后开无力。
孔雀衔来向日飞，翩翩压折黄金翼。
我有歌诗一千首，磨砻山岳罗星斗。
开卷长疑雷电惊，挥毫只怕龙蛇走。
班班布在时人口，满轴松花都未有。
人间无处买烟霞，须知得自神仙手。
也知价重连城璧，一纸万金犹不惜。
薛涛昨夜梦中来，殷勤劝向君边觅。

和子由蚕市

［宋］苏轼

自古以来，蜀地织锦业发达，蜀锦更是闻名天下。此诗是苏轼对苏辙寄来的《蚕市》诗的和作。诗人不仅回忆起了儿时在蚕市上纵情赏玩的情景，而且对宋时蜀地的蚕市盛况、风土人情也作了生动的描绘。

蜀人衣食常苦艰，蜀人游乐不知还。
千人耕种万人食，一年辛苦一春闲。
闲时尚以蚕为市，共忘辛苦逐欣欢。
去年霜降砍秋荻，今年箔积如连山。
破瓢为轮土为釜，争买不啻金与纨。
忆昔与子皆童丱，年年废书走市观。
市人争夸斗巧智，野人喑哑遭欺谩。
诗来使我感旧事，不悲去国悲流年。

望江南·成都好

［宋］仲殊

自古以来，蜀地的养蚕业都十分发达。四处云游的词人来到蜀地，恰逢此地蚕市，欣喜之余，便写下此词，以咏成都蚕市。词中不仅有繁华都市场景的渲染，也表达出了对美好年景的愿景。

成都好，蚕市趁遨游。夜放笙歌喧紫陌，春邀灯火上红楼。车马溢瀛洲。

人散后，茧馆喜绸缪。柳叶已饶烟黛细，桑条何似玉纤柔。立马看风流。

蔬食戏书

［宋］陆游

蔬食，即素食。诗人以对比的手法，将故乡的美食与蜀地的美食进行比较，极力地赞美蜀地的韭黄、猪肉和薏米，借此曲折地表达出内心对当年戎旅生活的怀念。

新津韭黄天下无，色如鹅黄三尺余。
东门彘肉更奇绝，肥美不减胡羊酥。
贵珍讵敢杂常馔，桂炊薏米圆比珠。
还吴此味那复有，日饭脱粟焚枯鱼。
人生口腹何足道，往往坐役七尺躯。
膻荤从今一扫除，夜煮白石笺阴符。

锦花笺

[元] 张玉娘

锦花笺，即薛涛笺。薛涛是唐代女诗人，曾居于浣花溪畔。蜀笺是古代成都一种木刻彩印、饰以图文的诗笺，古已有之，唐代尤盛。薛涛工诗擅书法，她在昔人工艺基础上发明制作过一种诗笺，时称薛涛笺，相当流行。

薛涛诗思饶春色，十样鸾笺五彩夸。
香染桃英清入观，影翻藤角眩生花。
涓涓锦水涵秋叶，冉冉剡波漾晚霞。
却笑回文苏氏子，工夫空自度韶华。

成都花市

[清] 吴好山

花市，即花会。每年的农历二月十五是百花的生日，故此日被定为“花朝节”。每年此日，成都的青羊宫里便会举行盛大的花会。成都青羊宫花会，始于唐、宋，相沿至今。

仲春十六会期时，货积如山山色宜。
去向二仙庵里看，令人爱煞好花枝。

新潮和旧浪（节选）

李劼人

一碗盖碗茶，坐在街沿上闲聊、谈生意，悠闲而舒适。茶馆不仅给城市增添了几分市井气息，而且也是成都人最喜欢的生活方式。一直以来，茶馆在成都人生活中的位置都没有变化，是成都文化生活的特征之一。

茶铺，这倒是成都城内的特景。全城不知道有多少，平均下来，一条街总有一家。有大有小，小的多半在铺子上摆二十来张桌子；大的或在门道内，或在庙宇内，或在人家祠堂内，或在甚么公所内，桌子总在四十张以上。

茶铺，在成都人的生活上具有三种作用：一种是各业交易的市场。货色并不必拿去，只买主卖主走到茶铺里，自有当经纪的来同你们做买卖，说行市；这是有一定的街道，一定的茶铺，差不多还有一定的时间。这种茶铺的数目并不太多。

一种是集会和评理的场所。不管是固定的神会、善会，或是几个人几十个人要商量甚么好事或歹事的临时约会，大抵都约在一家茶铺里，可以彰明较著地讨论、商议、乃至争执；要说秘密话，只管用内行术语或者切口，也没人来过问。假使你与人有了口角是非，必要分个曲直，争个面子，而又不喜欢打官司，或是作为打官司的初步，那你尽可邀约些人，自然如韩信用兵，多多益善，——你的对方自然也一样的。——相约到茶铺来。如其有一方势力大点，一方势力弱点，这理很好评，也很好解决，大家声势汹汹地吵一阵，由所谓中间人两面敷衍一阵，再把势弱的一方数说一阵，就算他的理输了。输了，也用不着赔礼道歉，只将两方几桌或十几桌的茶钱一并开消了事。如其两方势均力敌，而都不愿认输，则中间人便也不说话，让你们吵，吵到不能下台，让你们打，打的武器，先之以茶碗，继之以板凳，必待见了血，必待惊动了街坊怕打出人命，受拖累，而后街差啦，总爷啦，保正啦，才跑了来，才恨住吃亏的一方，先赔茶铺损失。这于是堂倌便忙了，架在楼上的破板凳，也赶快偷搬下来了，藏在柜房桶里的陈年破烂茶碗，也赶快偷拿出来了，如数照赔。所以差不多的茶铺，很高兴常有人来评理，可惜自从警察兴办以来，茶铺少了这项日常收入，而必要如此评理的，也大感动辄被挡往警察局去之寂寞无聊。这就是首任警察局总办周善培这人最初与人以不方便，而最初被骂为周秃子的第一件事。

另一种是普遍地作为中等以下人家的客厅或休息室。不过只限于男性使用，坤道人家也进了茶铺，那与钻烟馆的一样，必不是好货；除非只是去买开水端泡茶的，则不说了。下等人家无所谓会客与休息地方，需要茶铺，也不必说。中等人家，纵然有堂屋，堂屋之中，有桌椅，或者竟有所谓客厅书房，家里也有茶壶茶碗，也有泡茶送茶的甚么人；但是都习惯了，客来，顶多说几句话，假使认为是朋友，就必要约你去吃茶。这其间有三层好处。

第一层，是可以提高嗓子，无拘无束地畅谈，不管你说的是家常话，要紧话，或是骂人，或是谈故事，你尽可不必顾忌旁人，旁人也断断不顾忌你；因此，一到茶铺门前，便只听见一派绝大的嗡嗡，而夹杂着堂倌高出一切的声音在大喊："茶来了！……开水来了！……茶钱给了！……多谢啦！……"第二层，无论春夏秋冬，假使你喜欢打赤膊，你只管脱光，比在人家里自由得多；假使你要剃头，或只是修脸打发辫，有的是待诏，哪怕你头屑四溅，短发乱飞，飞溅到别人茶碗里，通不妨事，因为"卫生"这个新名词虽已输入，大家也只是用作取笑的资料罢了；至于把袜子脱下，将脚伸去登在修脚匠的膝头上，这是桌子底下的事，更无碍已。第三层，如其你无话可说，尽可做自己的事，无事可作，尽可抱着膝头去听隔座人谈论，较之无聊赖地呆坐家中，既可以消遣辰光，又可以听新闻，广见识，而所谓吃茶，只不过存名而已。

如此好场合，假使花钱多了，也没有人常来。而当日的价值：雨前毛尖每碗制钱三文，春茶雀舌每碗制钱四文，还可以搭用毛钱。并且没有时间限制，先吃两道，可以将茶碗移在桌子中间，向堂倌招呼一声："留着！"隔一二小时，你仍可去吃。只要你灌得，一壶水两壶水满可以的，并且是道道圆。

不过，茶铺都不很干净。不大的黑油面红油脚的高桌子，大都有一层垢腻，桌栓上全是抱膝人踏上去的泥污，坐的是窄而轻的高脚板凳。地上千层泥高高低低；头上梁桁间，免不了既有灰尘，又有蛛网。茶碗哩，一百个之中，或许有十个是完整的，其余都是千巴万补的碎磁。而补碗匠的手艺也真高，他能用多种花色不同的破茶碗，并合拢来，不走圆与大的样子，还包你不漏。也有茶船，黄铜皮捶的，又薄又脏。

总而言之，坐茶铺，是成都人若干年来就形成了的一种生活方式。

漫谈中国人之衣食住行（节选）

李劼人

在现代作家中，对川菜有如此精妙的理解，除李劼人之外，别无他人。在此文中，他详细阐述了中国菜特别是川菜的历史沿革、制作工艺及其特征，各派菜系风格的比较等，让我们看到了川菜的美味。

四

要而言之，中国菜诚然为中国文化的象征，但须从好与歹两方面去看。单如高等华人之所享受，那只算是一方面，吃多了，不卫生，也是事实。但是我们也得掉过眼光，把百分之八十以上的老百姓所服食的东西瞧一瞧，而后我们再作议论好了。克实说，中国老百姓桌上的菜单，委实不大好看，举例说罢，（读者原谅，因为我是成都土著，游踪不广，见闻有限，故每每举例，总不能出其乡里，至多也在四川省的大范围内，这得预先声明的。）四川省是不是一般人都认为地大物博之处呢？尤其在对日作战之时，到过几个大城市如成都、重庆、内江、泸县、三台、遂宁，旅居过的一般外省朋友，谁不惊异家禽野禽的肉类是那么丰富，园中畦内的蔬菜是那么齐备，而菜肴的做法，又各有其独到与精致？如其以为其余六千多万的川胞，都在这样的吃，那就非常错误。我可以坦白告诉大家，在天府之邦内，能满足此种口福的，仍是少数的高等华人，而绝大多数川胞，还不必计及处在下川东、大川北、上川南（今日应该说是西康省），以及僻处在川西之西的人，光说肥沃的川西平原内，成都附郭的乡村罢，若干种田莳莱的劳苦大众，一年四季连吃一顿白米饭尚作为打牙祭，而主要食品老是玉蜀黍，老是红苕、芋头，老是杂菜和碎米煮的粥，老是豆多米少的饭，这还是有八成丰收后的景象。他们要求的，只在平平静静的终年吃得饱，哪里还敢涉想到下饭的菜肴！倘若每顿有点盐水泡菜，有点豆腐或家造豆腐乳，有点辣子或豆瓣酱，那简直就奢华极了。他们没力量来奉行“食不餍精，脍不餍细”的圣教，也没力量来实践节约运动，这便是中国劳苦大众顶基本的吃！

六

曾经作过一篇《白种人之天下》的吴君毅先生，同时发表过几句名言曰：“北方是牛羊之邦，南方是鱼虾之邦，我们四川则是菜蔬之邦。”此言大体不差。倘必吹毛求疵，那吗，北方的白菜、萝卜、洋芋、山药，以及上好的豆类瓜类，岂能排挤在牛羊圈外？何况北平业已有西红柿，业已有红油菜苔，而阴历元宵灯会时节，且有在暖室里提早培植出来的王瓜。在我们蔬菜之邦的成都，在阳历十月里可能吃蚕豆，腊月里可能吃春笋，然而在数九天气吃王瓜，好像还没有听说过（将来可能有的）。又譬如云南是回教徒很多的地方，所以昆明西门洞的清真馆清炖牛肉就比天津“老乡亲”

的好。而同时昆明的苦菜，也并不下于广东的芥菜，虽然与四川涪陵的羊角菜两样。就四川说罢，诚然蔬菜种类又多又好，略举几色为例：重庆的青菜心、洋萵苣；江津、合川的子芽姜；下川东一带的沙田豌豆、糯苞谷（玉米）。上面已提到涪陵的羊角菜，也就是作出有名鲊（或写作酢，写作柞，皆非也）菜的原料；川北一带的红心苕，又是粮食，又是好菜；峨眉的苦笋，乐山的芥蓝菜，梓橦、剑阁一带的蕨苔，上川南的石花菜（这是南宋陆放翁最为欣赏的一种韭菜类植物，连这高雅的名字，也是放翁赐的）、头发菜、鸡枞菌，皆不过窥豹一斑耳。至于成都平原的菜蔬，那就更齐备了。大抵因为气候、土壤、肥料，都适宜罢，许多别处不能培养的东西，它都出产，而莳菜的艺术，也行。譬如最难移植的外国露笋、石莲花，居然能以培壅芹黄、韭黄的手法，将其繁殖起来。又如出产牛角红辣椒的丘陵地带，便非常适合于栽种番茄（即西红柿，又名洋柿子，译名应为“多马妥”），这东西的入成都，不过二十六年，为大众采用，更只八九年的光阴，但现在已保有三十几个优良品种，而且生产期也颇长，每年三季，可以延长到九个月，最迟的可能到阴历腊月初，倘将老的根茎保护得好，不为严霜所欺，则次年立春后不久，市上又有新鲜番茄出现。由此观之，吴君毅先生所说的蔬菜之邦，其以成都为代表乎？但是，成都又岂止是蔬菜之邦吗？

七

成都又岂止是蔬菜之邦？自然还得加以说明的，不过我先得插一段正面的闲话，即是：纵令它可以专擅这个名词，而所以造成之者，岂是昔之所谓士大夫、今之所谓高等华人的功勋？而筚路蓝缕，以启山林，又几何不是劳苦大众之力？天下至理，不外由错误偷懒而有发明，不外由需要好奇而有发现。神农之尝出百草，绝不是像旧派历史家所说：有一个圣人叫神农氏者，闲得不耐烦了，忽然起了仁心，要为他的子民，发现某些植物是良药，某些是毒草，并为后世走方郎中作一种大方便。非也，十二万个非也。依我的见解，第一，神农氏就不是一个人的榜篆，而是一族人自乃祖乃宗到若子若孙若干世的通称，而且这称谓，也好像是后世人给予他们，若有巢氏、燧人氏等，而并非他们图腾的自名。第二，这族人若干世不断地尝百草，并非都闲得不耐烦，而存心去发现什么药物，乃是在庖牺驯兽之后，肉类仍不足支持大群人的生存，忽然想到马牛羊鹿等已驯之兽，居然专门吃草得活，于是乃亦偶然采草为食，暂用疗饥，一个人吃得起劲，公然可饱，于是一群人也就逐渐模而仿之。第三，他们所尝，绝不止于百种草。百字，言其多也。换言之，即是饥饿到没有动物吃时，也就不免于见啥吃啥。官书上不曾云乎？草根树皮，是为民食。官电上不曾报道乎？今日长春城内的树叶，已值到几千万元法币一斤。以今逆古，可见神农氏那族人一定遭过什么荒年，没有肉吃，便只好吃草，而且是见草就吃，无心肠去分清某种有毒某为良卉，也无此分别的能力也。第四，最初虽无分别能力，但久而久之，却有了经验，知道某些草好吃，某些草可以致人腹痛呕吐至死。辗转相告，口口相传，后人得其益，乃疑其有心发现。第五，此一族人，积若干世来尝草，何尝是为了走方郎中？且不言上面所说几层理由，即单就神农之农字着想，亦可大为恍然，他们在前不过为了疗饥而胡乱吃草，其后乃又从偶然之中发现了草之实，与实之仁，不但比卉叶好吃，而且又能保存，又能滋生，于是乃进而发明了耕耘播植。故战国时的农家，在孟子书上遂直书为“为有神农之言者”，后世以稷为始，犹《说文解字》序云“称仓颉者一也”似的，到了稷，而后耕耘播植之事始发扬光大，并且改良罢了。

八

好些蔬菜，几何不是劳苦大众像神农氏之尝百草般，逐渐逐渐，从偶然，从经验中，发现的呢？姑举一二例为佐证：其一，如蕨苔，这就是历史上有名的以绝食来抗议暴力的伯夷、叔齐二公，在首阳山上，不得已而吃出来的，而后世的四川人，也敢于采为菜蔬的一种野生植物。最原始的吃法，是否如鲁迅先生的《故事新编》上所描写的那样，姑且阙疑，现在的四川人则将其与黄豆芽合炒，是为家常办法，其味较佳于芹菜叶之炒黄豆芽。还有，将其置于鸡鸭汤内清煮，好固然好，却未免对于孤竹君的两位公子太给以讽刺。还有将其晒干打成粉末，再将粉末团合成饼，加入荤腥之内烹之炖之。做法太多，不必细表。大致后来的踵事增华的吃法，其功绩必须归之名厨师和刁钻古怪的好吃大家。其二，如成都人最嗜吃的苜蓿菜。这更显而易见，其初必是劳苦大众犹之神农氏那一族遭了什么天灾，而感染到急性胃缩小症时，无其他东西以疗饥，乃不得不把畜生啃的东西抢来尝试，不料居然消化，而且维他命还相当多，因而就口口相传地吃开了。不过，在西汉时，由天山传入的这种壮马壮牛的三叶植物，必然是和现在欧洲农家特为牛马播种耕耘以作冬粮的东西一样，那真可观啦！巍然而立，有五六市尺高，其茎几如我们的红甘蔗。据说，牝牛吃了此物，不但壮，而且新鲜奶汁里还含有橙花香味。而现在被成都人采为蔬菜的，却变成了小草，很为娇嫩。成都人口音轻快，呼苜蓿为木须，令人几乎生疑是另外一种东西。

九

上来业已说过发明大半由于偷懒，由于错误；发现大半由于需要，由于好奇。我们可以想见，到荒旱饥饿时节，连死人都不免变为活人的食料，何况草根树皮！于是见啥吃啥的结果，乃多有发现，例如洋芋，自法王路易十三世起，据说才因荒旱而成了主要食品。而枸杞芽、猪鼻孔、荠菜、藜藿、泥鳅蒜，甚至连椿树的嫩芽，连农家种来作绿肥田之用的苕菜苞儿，其所以从野生而变为蔬菜中之妙品者，几何不是因了大多数人的经济情形不佳，不许可有好的东西吃，而一半出于强勉，一半由于好奇，才吃出来的？年来成都乡间又新出一种野菜名曰竹叶菜，草本而竹叶，丛生路边，不过范围尚小，做法亦未研精，吃的人还不多耳！苟舍蔬菜而引申及于肉食，也可看出许多在今日高等华人菜单中称为名贵食品的，其先，大都出于劳苦大众迫不得已而后试吃出来，例如广东席上的蛇肉，已是人人知道开其先河者，乃穷苦无依之乞丐也。因其为人人所已知，故不在此具论。兹介绍近几十年来四川所特有的四项食品，虽皆尚未登大雅之堂，然已逐渐风行，瞻望前途，殆不下于驰名四远之麻婆豆腐焉。

其一曰：强盗饭，发明时期大约只二十余年。发明地点为川东之华蓥山中。发明者，打家劫舍、明火执仗之强盗也。据说，某年有强盗一伙，被官兵围困于盛产巨竹的华蓥山，最使强盗头痛的，就是在丛山中找不着人家煮饭吃。由于迫切需要，于是一位聪明家伙便想出一个方法：将山上大竹截下一节，将携带的生米用溪水淘净，装入竹筒，一半水一半米，筒口用竹叶野草封严，涂以稀泥，放于枯枝败叶中，燃火煨之。待至枯枝败叶成灰，筒内之米便成熟饭。既软硬合度，又带有鲜竹清香。每一竹筒，可有小小两碗饭。如其再奢华一点，加一些别的好材料，的确是别具风味的好食品。不过条件太苛了，要相当大的竹，要应用时旋截，不能用变黄的陈竹，要容易成灰而火力又甚猛的枝叶，这些都与正式庖厨不合，而做出来的量又不大，费一个人的精力只够一个壮汉的半饱，说起来也太不经济。像这样，实实在在只能让逼上山林的豪杰们去享受。风雅一点，也只好让某些骚人逸士，在游山玩水之余，去做一次二次的野餐，庶几有滋味。譬如乡村美女，只管娟秀入骨，风神宜人，倘一旦而摩登之，鬈其头发，高其脚跟，黛其眼眶，朱其嘴唇，甚至蔻丹其手脚指甲，纵然不化西施为嫫母，似乎总不如其在乡村中纯任自然的受看罢！此强盗饭之所以不能上席而供高等华人之口也。

其二曰：叫花子鸡，叫花子偷得一只活鸡，既无锅灶，如何弄得进肚？

不吃罢，又嘴馋。叫花子思之思之，于是计来了，因为身边无刀，便先将鸡头按在水里闷死，然后调和黄泥，将鸡身连毛一涂，厚厚地涂成一个椭圆形的泥球，然后集合柴草，将这泥球一烧。估计差不多了，或许已经有了香气，便从热灰里将泥球掏出，剥去黄泥，而鸡毛、鸡皮也连之而去，剩下的只是莹白的鸡肉了。鸡的内脏，也连血烧做一团，挖而去之。这在做法上言，很简单，在理论上言，似乎颇有美味，但实际并不好吃，既有鸡屎臭，又有鸡毛臭。不过后来传到吃家手上，做法就改善了，鸡还是要杀死，还是要去内脏，去鸡毛。打整干净，将水分风干，以川冬菜、葱、姜、花椒，连黄酒塞入空肚内，缝严，再用贵州皮纸打湿，密切地裹在鸡身上，一层二层，而后按照叫花子的手法，在皮纸上涂以黄泥，煨以草火，俟肉香四溢，取出剥食，委实比铁灶扒鸡还为美味。虽然也可砍成碎块，盛在古瓷盘内，端上餐桌，以供贵宾，然而总不及蹲在火堆边，学叫花子样，用手爪撕来吃的有趣。这犹之在北平吃烤羊肉样，倘不守在柴炉子边，一面揩着烟熏的眼睛，一面在明火上烤一片，吃一片，请想想还有啥味儿？由这样吃烧鸡的方式，不禁油然想到吃烤鸭的同样方式来。成都鸭子，并不像北平白鸭子那么肥大，但也有像北平侍弄鸭子样的特殊喂法，其名曰填。一直把只平常瘦鸭填得非常之胖，宰杀去毛风干，放到挂炉里烤好后，名曰烤填鸭。因其珍贵，吃时必由厨师拿到堂前开片，名曰堂片，亦犹吃满洲席之烤小猪样也。不过成都的烤填鸭，并不如北平的好，因为鸭子填得太胖，皮之下全是腻油，除了吃一层薄薄的脆皮外，吃不到一丁点儿肉也。至于不填的瘦鸭，也可以在挂炉里烧，其名就叫烧鸭。寻常吃法，是切成碎块，浇以五香卤汁，这不算好吃法；必也准时（以前多半在正午十二点钟）守在烧鸭铺内，一到鸭子刚由炉内取出，抹上糖精，皮色变红，全身犹热烘烘时，即用手爪撕下，塞入口内，一面下以滚热的大碗黄老酒。这样吃法，自然不是布尔乔亚以上阶级的人所取，而真正的劳苦大众则又吃不起。在前，成都市上很多这类的卖热老酒的烧鸭铺，四十年前，青石桥南街的温鸭子，北街的便宜坊，都最有名，而西御街东口的王胖鸭店，则是后起之秀，而今已差不多全成古迹了。（王胖鸭店因为几次拆房让街，已安不下一张桌子，鸭子也烧坏了，毫无滋味。老胖、小胖皆已作古。所谓王胖，是人胖也，并非王姓而卖胖鸭也。今只有提督东街之耗子洞烧鸭店尚可，然已无喝滚热老酒之余风，遑论乎以手爪撕吃热烧鸭乎！）

其三曰：牛毛肚，是牛的毛肚，并非牦牛的肚，此不可不判明。牦牛者，犛牛也，司马相如《上林赋》注云，出西南徼外，至今仍是大小金川、康边、西藏一带的特产，且是重要的交通工具之一。毛肚者，牛之千层肚也，黄牛之千层肚肉刺较细，水牛之千层肚则肉刺森森，乍看犹毛也。四川多回教徒，故吃牛肉者众。自流井、贡井、犍为、乐山产岩盐掘井甚深，车水熬盐，车水之工，则赖板角水牛（今已逐渐改用电力、机力）。天气寒浊，水牛多病死，工重，水牛多累死，历时久，水牛多老死。故自贡、犍、乐一带产皮革，则吃水牛肉。水牛肉味酸肉粗，非佳馔，故吃之者多贫苦人。自贡、犍、乐之水牛内脏如何吃法，不得知，而吃水牛之毛肚火锅，则发源于重庆对岸之江北。最初是一般挑担零卖贩子将水牛内脏买得，洗净煮一煮，而后将肝子肚子等切成小块，于担头置泥炉一具，炉上置分格的大洋铁盆一只，盆内翻煎倒滚煮着一种又辣又麻又咸的卤汁。于是河边的桥头的，一般卖劳力的朋友，和讨得了几文而欲肉食的乞丐等，便围着担子，受用起来。各人认定一格卤汁，且烫且吃，吃若干块，算若干钱，既经济，而又能增加热量。已不知有好多年了，全未为小布尔乔亚以上阶级的人注意过，直到民国二十一二年，重庆商业场街才有一家小饭店将它高尚化了，从担头移到桌上。泥炉依然，只将分格洋铁盆换成了赤铜小锅，卤汁蘸料，也改为由食客自行配合，以求干净而适合各人的口味。最初的原料，只是牛骨汤，固体牛油，豆瓣酱，造酱油的豆母，辣椒末，花椒末，生盐等等，待到卤汁合味，盛旺炉火将卤汁煮得滚开时，先煮大量蒜苗，然后将凉水漂着的黑色的牛毛肚片（已煮得半熟了），用竹筷夹着，入卤汁烫之，不能太暂，也不能稍久，然后合煮好的蒜苗共食。样子颇似吃涮羊肉而味则浓厚，（近年重庆又有以生鸡蛋、芝麻油、味精作调和蘸料，说是清火退热，实为又一吃法。）最初只是如此，其后传到成都（民国三十五年）便渐渐研制极精，而且渐渐踵事增华，反而比重庆做得更为高明。泥炉还是泥炉，铜锅则改为砂锅，豆母则改为陈年豆豉，格外再加甜醪糟。主品的水牛毛肚片之外，尚有生鱼片，有带血的鳝鱼片，有生牛脑髓，有生牛脊髓，有生牛肝片，有生牛腰片，有生的略拌豆粉的牛腰肋、嫩羊肉，近年更有生鸭肠、生鸭肝、生鸭腓肝以及用豆粉打出的细粉条其名曰“和脂”者（此是旧名，见于明朝人的笔记）。生菜哩，也加多了，有白菜，有菠菜，有豌豆尖，有芹黄，以及洋莴笋，鸡窠菜等，但蒜苗仍为主要生菜，无之，则一切乏味，倘能代以西洋大蒜苗译名“波哇罗”的，将更美妙矣。然亦以此而有季节性焉，必候蒜苗上市，而后围炉大嚼，自秋徂冬，于时最宜。要之，吃牛肚火锅，须具大勇，吃后，每每全身大汗，舌头通木，难堪在此，好过亦在此。高雅而讲卫生的人，不屑吃；性情暴躁，而不耐烦剧的人，不便吃；神经衰弱，一受激刺便会晕倒的高等华人，不可吃；而吃惯了淡味甜味，一见辣子便流汗皱眉的外省朋友，自然更不应吃，以免受罪。牛毛肚火锅者，纯原始型之吃法也，与日本之火锅仿佛，又似北方之涮锅，只是过分浓重，过分激刺，适宜于吃叶子烟的西南山地人的气分。故只管处在清淡的菊花鱼锅的反面，而仍能在中下层吃家中站稳者，此也。

其四曰：牛肺片，名实之不相符，无过于明明是牛脑壳皮，而称之曰肺片。中国人吃猪皮已为西洋人所诧异，（猪皮做的菜颇多，至高且能冒充鱼翅，而以热油发成的响皮，简直可媲美鱼肚，此关乎食谱，非本文旨趣所应及，故不细论。）而况成都人且吃牛脑壳皮焉。牛脑壳皮煮熟后，开成薄而透明之片，以卤汁、花椒、辣子红油拌之，色泽通红鲜明，食之滑脆辣香。发明者何人？不可知，发明之时期，亦不可知。在昔，只成都三桥上有之，短凳一条，一头坐人，一头牢置瓦盆一只，盆内四周插竹筷如篱笆，牛脑壳皮及牛脸肉则切成四指宽之薄片，调和拌匀，堆于盆内。辣香四溢，勾引过客，大抵贫苦大众，则聚而食之，各手一筷，拈食入口。凳上人则一面喝卖，一面叱责食客曰：“筷子不准进嘴！”一面以小钱一把，于食客食次，辄置一钱于有格之木盘中以计数，食毕算账，两钱三块，三钱五块也。有穿长衫而过者，震其色香，欲就而食，则又腼腆，恐为知者笑，趑趄而过，不胜食欲之动，回旋摊头，疾拈一二片置口中，一面咀嚼，一面两头望，或不为熟人察见否？故此食品又名“两头望”。今则已上席列为冷荤之一，皇城坝之摊头亦易瓦盆为瓷盆，于观感上殊清洁多也。

其五曰：麻婆豆腐，上文已及麻婆豆腐，以其名闻遐迩，不能不谈，故言四项，于兹又添一项，并非蛇足，不得已耳。以做豆腐出名之麻婆，姓陈，成都人皆称之陈麻婆。既曰婆，则为老妇可知，既曰麻，则为丑妇可知，然而皆于做豆腐无关。缘陈麻婆者，成都北门外万福桥头一家纯乡村型的小饭店——本名“陈兴盛饭铺”，“麻婆豆腐”出名后，店名反为人所遗忘——之老板娘也。（万福桥已于民国三十六年阴历丁亥岁被大水打毁，迄今民国三十七年阴历戊子岁八月犹无修复消息，据云，此桥系清光绪丁亥岁重修，恰恰享寿一个花甲六十岁。）万福桥路通苏波桥，在三十七年前，为土法榨油坊的吞吐地，成都城内所需照明和做菜之用的菜油，有一多半是取给于此。于是推大油篓的叽咕车夫经常要到万福桥头歇脚吃饭，（本来应该进出西门的，但在清朝时代，西门一角划为满洲旗兵驻防之所，称为少城，除满人外，是不准人进出的。）而经常供应这伙劳动家的，便是陈家饭店。在早饭店并没有招牌，人们遂以老板娘为号，而呼之为陈麻婆饭店。乡村饭店的下饭菜，除家常咸菜外只有豆腐，其名曰“灰磨儿”。大概某一回吃饭时，劳动家中的一位忽然动了念头，想奢华一下，要在白水豆腐、油煎豆腐、炒豆腐等等素食外，加斤把菜油进去。同时又想辣一辣，使胃口更为好些。于是老板娘便发明了做法：将就油篓内的菜油在锅里大大的煎熟一勺，而后一大把辣椒末放在滚油里，接着便是猪肉片，豆腐块，自然还有常备的葱啦、蒜苗啦，随手放了一些，一脍，一炒，加盐加水，稍稍一煮，于是辣子红油盖着了菜面，几大土碗盛到桌上，临吃时再放一把花椒末。劳动家们一吃到口里，那真窜呀！（窜是土语，即美味之意。有写作爨字的，恐太弯曲了。）肉与豆腐既嫩且滑，同时味大油重，满够激刺，而又不像用猪油做出那么腻人。于是陈麻婆豆腐自此发明，直到陈麻婆老死后，其公子小姐承继衣钵，再传到孙辈外孙辈，犹家风未变。虽然麻婆豆腐在四五十年中已自乡村传到城市，已自成都传到上海、北平，做法及佐料已一变再变。记得作者在民国二十六年“七七”抗战以后，携儿带女到万福桥陈家老店去吃此美馔时，且不说还是一所纯乡村型的饭店：油腻的方桌，泥污的窄板凳，白竹筷，土饭碗，火米饭，臭咸菜。及至叫到做碗豆腐来，十分土气的幺师（即跑堂的伙计）犹然古典式地问道：“客伙，要割多少肉，半斤呢？十二两呢？……豆腐要半箱呢？一箱呢？……”而且店里委实没有肉，委实要幺师代客伙到街口上去旋割，所不同于古昔者，只无须客伙更去旋打菜油耳。

十

克实言之，成都实非止蔬菜之邦。因为好的蔬菜固然有，由外方移植而来，能繁衍而不十分变劣的也多，又因天时地利人工，使若干蔬菜的产期也长，可是到底不能封它为蔬菜之邦者，以外方还有许多出类拔萃的好蔬菜，而它却还没有也。例如江南的莼菜，岂是我们的冬寒菜——又名葵菜——所能匹敌？营盘蘑菇，岂是我们的三塔菰、大脚菰所可期望？（西康的白菌和鸡枞菌，其庶几乎！）推而论之，即是全四川全西南也未能承此美称，再从另一方面说，也不能有此限制的称谓。何也？以蔬菜之外，依然有牛羊之美，有鱼虾之美也。譬如说，成都、昆明的黄牛肉就很好，只是有山羊而少绵羊，是一缺点。说到鱼类，话更长了，简而言之，如乐山的江豚——一般人都称为江团，甚至团右加一鱼字傍，其实即江豚之讹，后有机会，再为详论——泸县之癞子鱼，雅安之丙穴鱼——又名嘉鱼、雅鱼——涪陵之剑鱼，峨眉之泉水鱼，都不亚于松花江之白鱼，黄河之鲤鱼，江南之河豚，松江之鲈鱼，长江之鲥鱼和鳜鱼也。（岷江流域也产鳜鱼，也产四腮鲈鱼，成都市上偶尔可见，但不常不多耳。）虾亦好，虽不肥大，但无土气。所最缺憾者，只是没有螃蟹。但仁寿县的蟹即是南蟹种，苟得其法蓄养之，亦可弥此缺憾。且峨眉山出产之梆梆鱼，又名琴蛙，乃食用上品，若有人饲之，其壮大嫩美且过于美国之牛蛙。而昆明翠湖之螺黄，则又是特产中之特产。故曰，蔬菜之邦之称，成都不任受，四川不任受，西南亦不任受。推而论之，牛羊之邦，鱼虾之邦，亦殊难为定论矣。（四川确有一些地方，只以牛羊为食，有谣曰：“鱼龙鸡凤菜灵芝”，言鱼如龙，鸡如凤，蔬菜如灵芝草，皆不易见不易得也。但不能以此一隅而概广大之北方，此理之至明者也。）

十一

我以为中国菜之所以驰名全球之故，一多半由于作业的原料之多，而其做法又比较技巧，比较繁杂。其他姑且置之，单言发酵的过程，是够玩味了。西人有言曰，食料之最好者，端在发酵之后，变其本质，使其成为一种富于滋养的东西。本此，则知岂士（Cheese，即奶饼，即干酪，即塞上酥，即西康、西藏之酥油。岂士为英文译音，又写作启司，其音近于鸡丝。法文译音则曰“拂落马日”。）确为由脂肪变出之珍品。若夫由植物发酵，重重变化出来的食物，不其更为美妙乎哉！例如黄豆，新鲜的已可做出多种的菜，甚至连梗带荚用盐水花椒煮出，剥而食之，可以下茶，可以下酒，无殊笋干也。倘将干的磨成粉末，和以油糖，可以作点心；盛于瓦坛内，时时以水浇灌，使其发出勾萌谓之豆芽，摘去脚须，可煮可炒，可荤可素，这已经在变化了。设若将干黄豆泡软，（鲜豆亦可，但必须配合少许干豆，凡研究过食物化学的可以说出其所以然。）带水磨出，名曰浆，或曰豆汁，或科学其名曰豆乳。据说，其功用同于牛奶，但研究过食物化学者，则嫌其不甚可以消化之质素稍多，此豆之一大变也。再将豆浆加热，点以盐卤（四川人谓之胆水）或石膏，使之凝固，（用胆水点，则甚固，较坚实。用石膏，则固而不坚，此有别也。）不加压力者，名曰豆花；或冲之，则另成一品曰豆腐脑。（或曰豆腐酪，亦通），此二大变也。略加压力，使水分稍去，凝固成块，名曰豆腐，其余为豆渣，此三大变也。再使之干固，或略炕以火，或否，其味已不同于豆腐，对其所施之做法更多不同，名曰豆腐干，此四大变也。再使豆腐干发酵生毛，名曰毛豆腐，此五大变也。而后加以香料酒醪，密贮陶器中，任其再发酵，再变化，相当时间之后，又另成一种绝美食品，名日豆腐乳，此六大变也。六个变化，即六个阶段，而每一个阶段，又可独立作出种种好菜，而且花样极多。倘在每个阶段内，配以其他蔬菜肉类，则更千变万化。倘将中国各地特殊做法汇集写之，可以成书一厚册，不第可以传世。如《齐民要术》之典册，且可以供民俗、民族等科之研究，而为传世论文之所据焉。上述，不过豆变之一派。其变之第二派，则豆油是也，豆饼是也。豆饼可以用作肥料，荒年又可充饥。其变之第三派，则豆豉是也。亦由发酵而来，不置盐者，曰淡豆豉，又作入药。置盐及香料者，曰咸豆豉，江西人旧称色豉，可作佐料以代酱油。咸豆豉之经年溶腐，色如乌金，不成颗粒，而香料配合极好，既可单独做菜，又可配合其他菜蔬肉类者，四川三台县及射洪县太和镇人优为之，即名曰潼川豆豉或太和豆豉。咸豆豉不任其发酵至黑，加入红苕（即红薯）生姜者，曰家常豆豉，团如小儿拳大，太阳下晒干，可生食，亦可配菜。然有不食之者，谓其气味不佳，喜食之者，则谓美如岂士，其臭气亦酷似云云。咸豆豉发酵后，蓄酵起涎，调水稀释（淡茶最好），加入干笋、萝卜丁、生盐、花椒、辣椒末者，乃成都家常做法，名曰水豆豉。以有季节性，不容久置，故无出售者，惟成都之旧式家庭中常制以享受。要之，黄豆是中国人食品之母，亦犹牛奶是西洋人食品之母。西洋人从牛奶中求变化，中国人则自黄豆身上打主意，牛奶之变化有限，而黄豆之生发无穷。上来所言，仅就已有已知者而略及之，而将来如何，未知者如何，虽圣人不能言矣。况乎黄豆一物又为中国所独有，（欧洲无黄豆，美洲也无，近闻美国有移植者，不知情形如何。）历史亦复悠长。黄豆即古之菽，吾人赖之而生存则无论也，即以其做法之多，技巧之盛，滋味之美而言，已足矫世界人类之舌，而高树中国菜之金字招牌。

旧金山之豆腐乳，不过其一般耳。

二十五

艺术，就免不了艺术界的通例：有派有别。所谓派，并非有东西南北地域之分，亦不在山珍海味材料之别，而是统地域，统材料，专就风格及用火方面，从大体上辨之，为家常派、馆派、厨派是也。此三派，犹一树之三干，由干而出；当然尚有大枝，有小枝，有细枝，有毛枝，甚至有旁生侧挺之庶枝蘖枝，但皆不能详论，仍止就三干略道其既焉可耳。先言厨。厨者，厨子也，法国人视作厨之艺术甚高，并建筑、音乐、绘画、裁缝等列为人生十大艺术之一。中国古人更重视之，考于古籍，有彭铿和滋鉴味事尧，有伊尹以割烹要汤，而助天子为治的宰相，称为调羹手，即喻其能调和五味，善用盐与梅也。因其在历史上有地位，故我们在口头上辄尊称之曰：某大师傅，简称曰某师。此一派，介乎家常与馆之间，能用文火，也能用武火，也讲求色香，也讲求刀法形象，但不专务外表，同时又能顾到菜之真味，例如做笋子，就不一定切得整齐，用水漂到雪白，漂到笋味全失，他就敢于迅速地将笋剥出切好，并不见水，即下油锅。尤其与馆特殊者，因能做小菜，与家常不同者，因能调好汤。短处在好菜不多，气魄不大，勉强治一抬席面，尚觉可以，两桌以上，味道就不妙了。以前专制时代，士大夫阶级同巧宦人物，大都要训练培养一二名小厨房的厨子，（也有不是外雇的厨子，而是姨太太或通了房的丫头。据说，比雇的厨子可靠，因能体贴入微，而又听说听教，决不会动辄跳槽也。）除了自奉之外，还用以应酬同寅，巴结上司，或者盒奉精馔数色，或则柬邀小集一叙，较之黄金夜赠，岂不既风雅而又免于物议？此等厨子，都有其独到之处，或长于烧烤煨炖，或长于煎炒蒸熘，除红案外，兼长做面点之白案，此又分工专业之馆所不及处。凡名厨，必非普通厨子、伙房之终日牢守锅边，故其空闲较多，能用心思，其本人也定然好吃好菜，好饮美酒，好品佳茗，绝不像普通厨子、伙房成日被油烟熏得既不能辨味，而又胃口不开，临到吃，只是一点咸菜和茶泡饭。而且此等名厨，脾气极大，主人对之须有礼貌，不然，汤勺一丢，掉头便走。记得清朝光绪庚子前后，江西巡抚满洲旗人德寿，便曾为了发膘劲，厨子不辞而去，害得半个月食不下咽。然而倘遇内行，批评中窍，亦能虚心下气，进而请益，或则犹挽起衣袖，再奉一样好菜。自从几度革命后，此等阶层已有转变，风尚所趋，亦渐不同，许多私家雇用的厨子，大都转至于馆，易伺候少数，为服务大众。不过公共会食之制未立，私门治味之习犹在，人口稍众，经济宽裕之家，依然有所谓厨子或伙房在焉。只是战火频仍，生活太不安定，征逐酒食，大多改用西餐，谁复有此空时闲心，做训练厨子雅事？故至目前此派渐衰，能执刀缕切，不动辄使用明油、二六芡者，已为上乘，无论如何实实说不上什么艺术矣。

二十六

馆是餐馆，越是人口集中的都市，餐馆越发达，越利市，四面八方的口味都有。顶大顶阔顶有为的餐馆，人人皆知，可以不谈，所欲谈者，乃中等以下之馆，及专门包席之馆耳。中等以下之馆，大多为本地口味，以成都市上者为例，在三十年前，红锅菜馆最为盛行，虽然水牌上写着蒸炒俱全，其蒸的只有烧白和蒸肉，白菜卷酥肉等；炒哩，大抵肉片、肉丝、肝花、腰花、宫保鸡丁、辣子鸡丁等。最会用猛火，即武火是也。最不会做蔬菜，有些甚至连炝白菜都炒不好。如其菜品较多，加有海味，加有鱼虾，则称之南馆，这大概是南派馆子之简称。以前，此等馆子，只能临时点菜，备客小吃，而不能备办席面。专备席面的，为包席馆。包席馆可以一次办席几十桌，专供红白喜事之用，也可精心结撰地办一桌两桌，以供考较口味者，应酬宴客，但是馆内并无起坐，只能准备好了，到人家去出菜。此两派虽历有变化，但有一与前之厨不同者，即菜单有定型，甚至刀法及放在碗内的形式，通有定型。吃一次是此味觉，吃百次还是如此味觉，所谓落套是也。此缘人人口味各殊，不能将就人人口味，只好取得一种中庸之味，使人人感到“都还下得去”而已。及至私家之厨，分人于馆，虽在菜单及口味上起了变化，多了些花样，然而久而久之，还是要落套的，其故即是厨只在服事少数人，只求馔之如何精，脍之如何细，而用钱则不计。馆哩，除了服事多数人外，而每一席的成本，终不能不有所打算也。

二十七

家常菜的味觉范围更窄，经之营之的时间更从容，故一切都与厨、馆不同，除了馆派之“纯”不能用，除能兼用之文火外，（以岚炭为原料，必使火焰熊熊高出炭外数寸者，为武火，宜于煎炒爆烩，器为耳锅。亦用岚炭，而不用火焰过大，有时须专用木炭，即枫炭，即硬木如青枫、檀木等烧出者，更有专用泡木烧成之炭，名桴炭，或桴楂者，名文火，宜于煨煮焖炖，红烧清炖，器以沙的陶的为最佳，搪瓷者次之，不得已而再思其次，则点锡纯银之器差可，顶不可用者为铜与锑。据说，法兰西之煨家常牛肉汤，至今仍用陶罐，此一色菜，即曰“火煨罐”也。）尤能用温火，温火之器曰“五更鸡”，成都人曰“灯罩子”，以竹丝编成，中间置燃棉绳之菜油壶，比燃煤油之“五更鸡”尤佳。举实例言之，如用温火制燕窝、银耳，可使融而不化，软而有丝；以煨鸡汤海参，则软硬之间，尤难言喻。然而前者一器，须费十小时，后者一器，须费三十小时，其软化如烂熟了的寻常的红烧肉，苟以此法此器为之，已绝非文火所做出者可比，自然更谈不到武火。即此一例，厨派、馆派如何梦想得到？

最近，报上曾载美国正在试验之雷达炉，据说：煮鸡蛋七秒钟即熟，以纸裹包饺入之，三秒钟熟，而纸仍完好，科学诚科学矣！然而未必艺术，亦惟美国人能发明之，能利用之，何也？因其距吃的艺术之宫，尚有十万八千里途，此途又非飞机可达，必须脚踏实地，一步一步地走也。然而高等华人，未必解此，据说他们已科学化了，早饭是白蒸猪肝和花旗橘子，如此的自卑自贱，还有何说？自然雷达炉子首先采用的，便是此等人了。

二十八

上面所举用温火之例，未免太贵族，其实家常菜之可贵，是不讲形式，不讲颜色，只考较香与味。比如做笋，如上面所说，馆派则难免加上一些二六芡，厨派则不用芡，但必须将其漂之至白，取其悦目，而味则无有，家常做之，乃有菜之真味。又如上面说的冬寒菜——川人以为胜于莼菜——馆派就根本不能做，若叫强勉做之，必仍油大味重，而菜未必熟。厨派做之过于精致，每每只摘取嫩苞，不惜好汤火腿口茉以煨之。好却好吃，然而绝吃不出冬寒菜之味，这就须家常做法了：连苞及嫩叶先以酱油炒之，加入米汤烹煮，不加锅盖，色自碧绿，若于沸之后，再加入生盐合度，菜既熟而微带脆意，无其他佐料，乃有清香，有真味。然而为其寒碜，只好主人自享，以为奉客，客则不悦，故为显客者，殊无此口福。不过已往士大夫之家常菜，重在精致刁巧，以求出奇争胜。

二十九

譬如为山，馆派是基层，厨派是中层，家常派则其峭拔之巅也。无论走到何处，要想得其地方风味，只到馆子中吃吃，未可也。能进而尝试一下私家厨味，庶乎齐变至鲁矣！除非你能设法吃到若干家的家常菜，而确乎出于主妇之手，或是主妇提调出来的，那才是鲁变至道，你才可以夸说登了山顶，不管风景如何，奇妙不奇妙，总之是山顶也。本此途往，便知中国菜到底算是何处好，何处更好，何处最好，何处绝好，殊不易言！何哉？以无此一人吃得遍全中国之馆、之厨、之家常，而又非常内行，起码也得像清道人之“狗吃星”一样也。无此种人，便不可表论中国菜，尤其不可做食谱；食谱或亦可做，但不可妄标科学方法，譬如说某菜煮若干分钟，今试问之：用何种火具？而火的温度，究在华氏或摄氏之若干度上？如不能表而出之，则所云科学者，只半吊子科学，亦只一知半解之高等华人信之耳。何况说到底，好的菜品，根本就不能太科学，例如利用外国机器切刀来切肉丁，你用最精密的尺子来量，几乎每颗肉丁，其六面俱相等，但是你炒熟来，却绝对没有用不科学的手，切出来的其大小并不十分一致样的肉丁好吃，何也？盖面积大小相等了，则其受热和吸收佐料的程度亦相等，在味觉上显出的只是整齐划一的一种激刺，而参差不齐的激刺，好不好吃分别在于此；馆派、厨派、家常派之差别，高低亦在于此。本此孤证，便知道一门艺术，真正说不上科学也。

三十

中国人对于其他生活要素，由于顶顶重要的“自由”，大概都可模糊，有固然好，精粗美恶倒不十分计较，只要有哩，并不一定拼身心性命以求之。独于食，那便不同了，在川人中间，按照旧习，见面的第一句话，并非是“你过得怎样？”“你好吗？”而是“你吃了饭没有？”或曰“吃过了没有？”而且在询问时，还带有时间性，在上午，问的是早饭；过午，须问午饭，四川语谓之“晌午”，读若“少午”；入暮则问晚饭，谓之“消夜”；其严格犹洋人之问早安、日安、晚安也。其他，凡与人相交接，团体与团体相交接，大至冠婚丧祭，小至邻里往返，庄严至于纳贡受降，游戏至于“撇烂”打平伙，甚至三五小儿聚而拌“姑姑艺儿”——黄晋龄的餐馆名，引用为“姑姑筵”，亦通——无一不有食之一字为其经纬。笔记载：以前漕河总督衙门，顶考较吃了，诸如吃活猴脑，吃生鹅掌，一席之肴，可以用猪八九头，每头只活生生的取肉一块，余皆弃之。这种暴殄之处，姑不具论，甚至一席之肴，必须吃到三整天方毕，这真可以表现中国人好吃的整个性格，而且不吃不行。乡党中许多事故，大都由于不具食而起，谓人悭吝，辄曰：某人是不肯请客的，“要吃他么？除非钉狗虫！”言之痛切如此，甚至“破费一席酒，可解九世冤；吝惜九斗碗，结下终身怨。”可以说，中国人对于吃，几乎看得同性命一样重，这不但洋人不能理解，就是我们自己，亦何尝了解得许多！

下莲池畔（节选）

李劼人

其实，每个人对端午都有着独一无二的记忆。端午节是三大节气之一，万万不可胡乱过去。粽子、盐蛋、雄黄烧酒是少不了的。门楣上也必须要插着菖蒲、艾叶。一家人整整齐齐点香烛，祭祀祖先。

端阳节是三大节气之一，万万不可胡乱过去。即如伍家之穷，也与其他穷人一样，在五月初二，就打起主意：把伍大嫂首饰中剩下的惟一银器，一根又长又厚又宽，铸着浮雕的张生跳粉墙的银簪子，拿去当了，包了四合糯米的粽子，买了十二个盐鸭蛋，十二个白鸡蛋。到初五一早起来，将一绺菖蒲，一绺艾叶，竖立在门前；点燃香烛，敬了祖宗，一家人喜喜欢欢地磕了头，又互相拜了节，坐在桌上，各人吃了粽子、蛋、白煮的大蒜，又各喝了杯雄黄烧酒。伍太婆将酒脚子在安娃子额头上画了一个王字，两耳门上也涂抹了一些，说是可以避瘟。伍大嫂在好多日前，已抽空给他做了一个小艾虎，和一件小小的香荷包；伍平又当天在药铺里要了一包奉送买主的衣香，装在香荷包里，统给他带在衣襟的钮门上。

一家人吃饱之后，无所事事，都穿着干净衣裳，坐在门前看天。

晶明的太阳，时时刻刻从淡薄的云片中射下，射在已有大半池的水面上，更觉得晶光照眼。池西水浅处，一团团新荷已经长伸出水面，半展开它那颜色鲜嫩的小伞。池边几株臃肿不中绳墨的老麻柳的密叶间，正放出一派催眠的懒蝉声音。

池南的城墙，带着它整齐的雉堞，画在天际云幕上，谁说不像一条锯子齿？

伍平把新梳的一条粗发辫，盘在新剃了发的顶际，捧着一根汗渍染黄的老竹子水烟袋，嘘了两袋，忽然心里一动，想着江南馆今天的戏，必有一本杨素兰唱的《雄黄阵》。站起来，伸手向他老婆道："今天过节，拿几个茶钱，我好出去。"

今天过节，这题目多正大！伍大嫂居然不像平日，居然从挑花肚兜中，数了十几个钱给他。

伍平高高兴兴，披着蓝土布汗衣，走到街上，出门拜节的官轿，正络绎不绝地冲过去、冲过来。跟班们戴着红缨凉帽，穿着蓝麻布长衫，手上执着香牛皮护书，跟在轿子后面，得意洋洋地飞跑。

家里稍有一点钱的小孩们，都穿着各种颜色的接绸衫，湖绉套裤，云头鞋；捏着有字有画的折扇；胸襟上各挂着许多香囊顽意。还有较小的孩子，背上背着一只绸子壳做的撮箕，中间绽着很精致的五毒。女孩们都梳着丫髻，簪着鲜红的石榴花，打扮得花花绿绿地，坐在门前买零碎东西吃。

满街上差不多除了大喊"善人老爷，锅巴剩饭！"的讨口子外，就是穷人也都穿得干干净净，齐齐整整。

大波（节选）

李劼人

喝茶是成都人生活中的常事。成都人喝茶逍遥，自在，不拘形式，不讲排场。三朋四友吆喝一声，在茶馆一泡便是半日时光。中元祀祖，在四川习俗中，是一件家庭大事，它的意义好像比清明、冬至的扫墓、送寒衣还重要。

乡场上吃茶

大平原上快要成熟的迟种的稻，嫩黄得一望无涯。有人形容说：很像一片翻着浊浪的海。——是一片海，不过是浅海。它很浅很浅，浅得足以容人在它的浪涛里自在游行。

这段稻海中心，涌现出一簇青郁郁的瓦屋顶；而且还有很高峻的扳鳌抓角的屋檐，还有枝叶纷披、老干横拏的皂角树、柏树和到处都有的桢楠树。这是处在成都之西的郫县和崇宁县交界地方一个大场：安德铺。

今天是赶场日子。大路小路，在连天阴雨后，一溜一滑不好走。但是赶场的人，从二簸簸粮户到庄稼佬，从抱着公鸡、提着鸡蛋的老太婆，到背上背一匹家机土布，或者拿着一大把鸡肠棉线带的中年妇女，仍然牵线似的向场街上走来。

晌午以后场在散了。场上的茶铺、酒铺、烧腊铺、面食铺的生意更加兴旺。

出名的老牛筋何幺爷，戴一顶几乎要脱圈的旧草帽，脚上草鞋是捡他长年穿得不要了的，拄一根可以当拐杖用的粗叶子烟杆，挺着胸脯，一路东张西望着向场口走去。

有几个年轻小伙子，也有两个中年汉子，正围坐在一家茶铺的临街安放的大方桌上吃茶。

大家都在打招呼："喂！何幺爷，吃碗茶去。"

一看，都是左邻右舍的熟人，何幺爷开心笑了起来，露出缺了几颗牙齿的牙床，上唇上的不多几茎很像黄鼠狼的又硬又棕的胡子，也在皱脸两边颤抖了几下。走上台阶，大声喊着："茶钱！茶钱！"叶子烟杆交代给左手，空出满是筋疙瘩的僵硬的右手，虚张声势地伸到裹肚兜里，直等有人把茶钱给了，——乡场上吃茶，还是百年以来的老价钱：三个制钱一碗；还是可以搭一个毛钱，如其你找得出毛钱来的话。——才抓了几十个制钱出来，迭在自己面前桌边上做样子。

轩然大波（节选）

阴历七月十四日是黄澜生家的中元祀祖烧袱子的一天。

中元祀祖，在当时的四川习俗中，是一件家庭大事，它的意义好像比清明、冬至的扫墓、送寒衣还重要。因为这缘故，楚用已经三天未去学堂，一直留在黄家帮着撕钱纸，写袱子。

成都的钱纸，由于铁戳子打得很认真，不但钱印紧密，每一叠上的钱印还是打穿了的。要烧它，便得细心而耐烦地撕开。撕破了还不好，据说，烧化了是破钱，鬼不要。每每十斤一捆的钱纸，必须用相当多的人，撕相当多的时候。从前忌讳女人撕钱纸，说女人是阴人，与鬼同类，经手的钱纸，烧化仍是钱纸，变不成钱，骗不了鬼；甚至说女人身上不干净，经手的钱纸有秽气，即使烧化了成钱，鬼也嫌脏。

自从维新之后，越到近年，破除迷信、提倡女权的学说越得势。黄澜生对于烧钱纸骗鬼，已经有了怀疑，但他又说："不信鬼神可也。祭祀自己祖宗，是儒家慎终追远的道理，说不上迷信。今天烧钱纸，即是古人化帛，只能说是一种礼节。"既然只算一种礼节，他就不像从前那等考究：首先，在每次祭祀祖宗时候，便不一定要买上几捆钱纸来，使大家撕得头昏脑胀；其次，黄太太、婉姑、菊花、何嫂等人要来插手帮忙，他也能够尊重女权，再不像从前那样有所忌讳。

中元祭祀祖宗还另有一种礼节。那便是焚化的钱纸，不能用撕开来就烧的散钱纸，必须把钱纸撕开，又数出同等数目，叠成若干叠，每一叠还必须用纸铺里专卖的一种印有花纹格式的纸张包好，用浆糊粘好，这样，才叫一封袱子；而后还必须端肃容仪，用小楷字在袱纸封面上按格式填写清楚："敬献清故奉政大夫祖考□□公冥收，裔孙黄迥沐手具。"还有祖妣名下的，还有考与妣名下的，都要一封一封地写。比如敬献祖考名下袱子一百封，祖妣名下一百封，考与妣名下各八十封，那就得恭书三百六十封。再加上几个旁支亲属的男女，每年的袱子，总在四百封以上，小楷字数在一万字以上，这对不经常写字的人说来，真是一项不轻巧的工作。往年当然只有黄澜生一个人来做了，今年偏偏公事很紧，一天假也不能请。到七月十二日，楚用在学堂作了报告回来消夜，黄太太提议请楚用代笔。黄澜生很是高兴，为了敬事起见，还给他作了三个长揖。并且点上洋灯，流着汗，坐在书房内的书案前，先写了几张范纸，再三嘱咐不要写破笔字，不要写行草，怕的是祖宗有灵，要怪后代儿孙心不诚，意不敬。

祭祖宗在下午三点钟，烧袱子在擦黑时候，这也是成都的习俗。今年虽然罢了市，但是从七月十一日起，每条街，仍然有不少人家祭祖宗，烧袱子。各处寺庙里的和尚也仍然在做盂兰会。仅只没有唱戏。

黄家为了主人的方便，祭祖移到下午五点钟。上供的八盘菜肴，照例由女主人亲自下厨烹制。直到六点钟，三献三奠，男女主人盛妆黼黻，连振邦、婉姑都打扮齐整，叩头送神之后，大家换了便衣，方把菜肴撤到倒坐厅内，共享福余。

外东消夏录

朱自清

朱自清先生将“消夏”，解释为“避暑兼变换生活”之意。他从昆明到成都来消夏。在这个大街小巷都弥漫着“闲”味的城市，引起了他深深的反思。

引子

这个题目是仿的高士奇的《江村消夏录》。那部书似乎专谈书画，我却不能有那么雅，这里只想谈一些世俗的事。这回我从昆明到成都来消夏。消夏本来是避暑的意思。若照这个意思，我简直是闹笑话，因为昆明比成都凉快得多，决无从凉处到热处避暑之理。消夏还有一个新意思，就是换换生活，变变样子。这是外国想头，摩登想头，也有一番大道理。但在这战时，谁还该想这个！我们公教人员谁又敢想这个！可是既然来了，不管为了多俗的事，也不妨取个雅名字，马虎点儿，就算他消夏罢。谁又去打破沙缸问到底呢？

但是问到底的人是有的。去年参加昆明一个夏令营，营地观音山。七月二十三日便散营了。前一两天，有游客问起，我们向他说这是夏令营，就要结束了。他道，“就结束了？夏令完了吗？”这自然是俏皮话。问到底本有两种，一是“要好心”，一是死心眼儿。若是要好心的话，这儿消夏一词似乎还是站不住。因为动手写的今天是八月二十八日，农历七月初十日，明明已经不是夏天而是秋天。但“录”虽然在秋天，所“录”不妨在夏天；《消夏录》尽可以只录消夏的事，不一定为了消夏而录。还是马虎点儿算了。

外东一词，指的是东门外，跟外西，外南，外北是姊妹花的词儿。成都住的人都懂，但是外省人却弄不明白。这好像是个翻译的名词，跟远东、近东、中东挨肩膀儿。固然为纪实起见，我也可以用草庐或草堂等词，因为我的确住着草房。可是不免高攀诸葛丞相，杜工部之嫌，我怎么敢那样大胆呢？我家是住在一所尼庵里，叫做“尼庵消夏录”原也未尝不可，但是别人单看题目也许会大吃一惊，我又何必故作惊人之笔呢？因此马马虎虎写下“外东消夏录”这个老老实实的题目。

夜大学

四川大学开办夜校，值得我们注意。我觉得与其匆匆忙忙新办一些大学或独立学院，不重质而重量，还不如让一些有历史的大学办办夜校的好。

眉毛高的人也许觉得夜校总不像一回事似的。但是把毕业年限定得长些，也就差不多。东吴大学夜校的成绩好像并不坏。大学教育固然注重提高，也该努力普及，普及也是大学的职分。现代大学不应该像修道院，得和一般社会打成一片才是道理。况且中国有历史的大学不多，更是义不容辞的得这么办。

现在百业发展，从业员增多，其中尽有中学毕业或具有同等学力，有志进修无门可入的人。这些人往往将有用的精力消磨在无聊的酬应和不正当的娱乐上。有了大学夜校，他们便有机会增进自己的学识技能。这也就可以增进各项事业的效率，并澄清社会的恶浊空气。

普及大学教育，有夜校，也有夜班，都得在大都市里，才能有足够的从业员来应试入学。入夜校可以得到大学毕业的资格或学位，入夜班却只能得到专科的资格或证书。学位的用处久经规定，专科资格或证书，在中国因从未办过大学夜班，还无人考虑它们的用处。现时只能办夜校；要办夜班，得先请政府规定夜班毕业的出身才成。固然有些人为学问而学问，但各项从业员中这种人大概不多，一般还是功名心切。就这一般人论，用功名来鼓励他们向学，也并不错。大学生选系，不想到功名或出路的又有多少呢？这儿我们得把眉毛放低些。

四川大学夜校分中国文学、商学、法律三组。法律组有东吴的成例，商学是当今的显学，都在意中。只有中国文学是冷货，居然三分天下有其一，好像出乎意外。不过虽是夜校，却是大学，若全无本国文化的科目，未免难乎其为大，这一组设置可以说是很得体的。这样分组的大学夜校还是初试，希望主持的人用全力来办，更希望就学的人不要三心两意的闹个半途而废才好。

人和书

“人和书”是个好名字，王楷元先生的小书取了这个名字，见出他的眼光和品味。

人和书，大而言之就是世界。世界上哪一桩事离开了人？又哪一桩事离得了书？我是说世界是人所知的一切。知者是人，自然离不了人；有知必录，便也离不开书。小而言之，人和书就是历史，人和书造成了历史；再小而言之就是传记，就是王先生这本书叙述和评论的。传记有大幅，有小品，有工笔，有漫画。这本书是小品，是漫画。虽然是大大的圈儿里一个小小的圈儿，可是不含糊是在大圈儿里，所叙的虽小，所见的却大。

这本书分三部分。第一部分是传记，第三部分也是片段的传记，第二部分评介的著作还是传记。王先生有意“引起读者研读传记的兴趣”，自序里说得明白。撰录近代和现代名人轶事，所谓笔记小说，传统很长。这个传统移植到报纸上，也已多年。可见一般人原是喜欢这种小品的。但是“五四”以来，“现在”遮掩了“过去”，一般青年人减少了历史的兴味，对于这类小品不免冷淡了些。他们可还喜欢简短零星的文坛消息等等，足见到底不能离开人和书。

自序里希望读者“对于伟大人物，由景慕而进于效法，人人以圣贤自许，猛勇精进”。这是一个宏愿。近来在《美国文摘》里见到一文，叙述一位作家叫小亚吉尔的，如何因《褴褛的狄克》一部书而成名，如何专写贫儿努力致富的故事，风行全国，鼓舞人心。他写的是“工作和胜利，上进和前进的故事”，在美国文学中创一新派。他的时代虽然在一九二九年以前就过去了，但是许多自己造就的人都还纪念着他的书的深广的影响。可见文学的确有促进人生的力量。王先生的宏愿是可以达成的，有志者大家自勉好了。

成都诗

据说成都是中国第四大城。城太大了，要指出它的特色倒不易。说是有些像北平，不错，有些个。既像北平，似乎就不成其为特色了？然而不然，妙处在像而不像。我记得一首小诗，多少能够抓住这一点儿，也就多少能够抓住这座大城。

这是易君左先生的诗，题目好像就是“成都”两个字。诗道：

> 细雨成都路，微尘护落花。据门撑古木，绕屋噪栖鸦。入暮旋收市，凌晨即品茶。承平风味足，楚客独兴嗟。

住过成都的人该能够领略这首诗的妙处。它抓住了成都的闲味。北平也闲得可以的，但成都的闲是成都的闲，像而不像，非细辨不知。

“绕屋噪栖鸦”，自然是那些“据门撑”着的“古木”上栖鸦在噪着。这正是“入暮”的声音和颜色。但是吵着的东南城有时也许听不见，西北城人少些，尤其住宅区的少城，白昼也静悄悄的，该听得清楚那悲凉的叫唤罢。

成都春天常有毛毛雨，而成都花多，爱花的人家也多，毛毛雨的春天倒正是养花天气。那时节真所谓“天街小雨润如酥”，路相当好，有点泥滑滑，却不至于“行不得也哥哥”。缓缓的走着，呼吸着新鲜而润泽的空气，叫人闲到心里，骨头里。若是在庭园中踱着，时而看见一些落花，静静的飘在微尘里，贴在软地上，那更闲得没有影儿。

成都旧宅于门前常栽得有一株泡洞树或黄桷树，粗而且大，往往叫人只见树，不见屋，更不见门洞儿。说是“撑”，一点儿不冤枉，这些树戆粗偃蹇，老气横秋，北平是见不着的。可是这些树都上了年纪，也只闲闲的“据”着“撑”着而已。

成都收市真早。前几年初到，真搞不惯；晚八点回家，街上铺子便劈劈拍拍一片上门声，暗暗淡淡的，够惨。“早睡早起身体好”，农业社会的习惯，其实也不错。这儿人起的也真早，“入暮旋收市，凌晨即品茶”，是不折不扣的实录。

北平的春天短而多风尘，人家门前也有树，可是成行的多，独据的少。有茶楼，可是不普及，也不够热闹的。北平的闲又是一副格局，这里无须详论。“楚客”是易先生自称。他“兴嗟”于成都的“承平风味”。但诗中写出的“承平风味”，其实无伤于抗战；我们该嗟叹的恐怕是别有所在的。我倒是在想，这种“承平风味”战后还能“承”下去不能呢？在工业化的新中国里，成都这座大城该不能老是这么闲着罢。

蛇尾

动手写《引子》的时候，一鼓作气，好像要写成一本书。但是写完了上一段，不觉再三衰竭了。到底已是秋天，无夏可消，也就“录”不下去了。古人说得好。“乘兴而来，兴尽而返”，只好以此解嘲。这真是蛇尾，虽然并不见虎头。本想写完上段就戛然而止，来个神龙见首不见尾。可是虎头还够不上，还闹什么神龙呢？话说回来，虎头既然够不上，蛇尾也就称不得，老实点，称为蛇足，倒还有个样儿。

1941 年

可爱的成都

老舍

于老舍而言，成都是可爱的，一是在于成都与北平的相似，缓解了他的思乡之苦；二是在成都有许多老友；三是在于成都人的健谈与成都保留了许多民族特色的东西。

到成都来，这是第四次。第一次是在四年前，住了五六天，参观全城的大概。第二次是在三年前，我随同西北慰劳团北征，路过此处，故仅留二日。第三次是慰劳归来，在此小住，留四日，见到不少的老朋友。这次——第四次——是受冯焕璋先生之约，去游灌县与青城山，由山上下来，顺便在成都玩几天。

成都是个可爱的地方。对于我，它特别的可爱，因为：

（一）我是北平人，而成都有许多与北平相似之处，稍稍使我减去些乡思。到抗战胜利后，我想，我总会再来一次，多住些时候，写一部以成都为背景的小说。在我的心中，地方好像也都像人似的，有个性格。我不喜上海，因为我抓不住它的性格，说不清它到底是怎么一回事。我不能与我所不明白的人交朋友，也不能描写我所不明白的地方。对成都，真的，我知道的事情太少了；但是，我相信会借它的光儿写出一点东西来。我似乎已看到了它的灵魂，因为它与北平相似。

（二）我有许多老友在成都。有朋友的地方就是好地方。这诚然是个人的偏见，可是恐怕谁也免不了这样去想吧。况且成都的本身已经是可爱的呢。八年前，我曾在齐鲁大学教过书。七七抗战后，我由青岛移回济南，仍住齐大。我由济南流亡出来，我的妻小还留在齐大，住了一年多。齐大在济南的校舍现在已被敌人完全占据，我的朋友们的一切书籍器物已被劫一空，那么，今天又能在成都会见其患难的老友，是何等的快乐呢！衣物，器具，书籍，丢失了有什么关系！我们还有命，还能各守岗位地去忍苦抗敌，这就值得共进一杯酒了！抗战前，我在山东大学也教过书。这次，在华西坝，无意中的也遇到几位山大的老友，“惊喜欲狂”一点也不是过火的形容。一个人的生命，我以为，是一半儿活在朋友中的。假若这句话没有什么错误，我便不能不“因人及地”地喜爱成都了。啊，这里还有几十位文艺界的友人呢！与我的年纪差不多的，如郭子杰，叶圣陶，陈翔鹤，诸先生，握手的时节，不知为何，不由地就彼此先看看头发——都有不少根白的了，比我年纪轻一点的呢，虽然头发不露痕迹，可是也显着削瘦，霜鬓瘦脸本是应该引起悲愁的事，但是，为了抗战而受苦，为了气节而不肯折腰，瘦弱衰老不是很自然的结果么？这真是悲喜俱来，另有一番滋味了！

（三）我爱成都，因为它有手有口。先说手，我不爱古玩，第一因为不懂，第二因为没有钱。我不爱洋玩艺，第一因为它们洋气十足，第二因为没有美金。虽不爱古玩与洋东西，但是我喜爱现代的手造的相当美好的小东西。假若我们今天还能制造一些美好的物件，便是表示了我们民族的爱美性与创造力仍然存在，并不逊于古人。中华民族在雕刻，图画，建筑，制铜，造瓷……上都有特殊的天才。这种天才在造几张纸，制两块墨砚，打一张桌子，漆一两个小盒上都随时地表现出来。美的心灵使他们的手巧。我们不应随便丢失了这颗心。因此，我爱现代的手造的美好的东西。北平有许多这样的好东西，如地毯，珐琅，玩具……但是北平还没有成都这样多。成都还存着我们民族的巧手。我绝对不是反对机械，而只是说，我们在大的工业上必须采取西洋方法，在小工业上则须保存我们的手。谁知道这二者有无调谐的可能呢？不过，我想，人类文化的明日，恐怕不是家家造大炮，户户有坦克车，而是要以真理代替武力，以善美代替横暴。果然如此，我们便应想一想是否该把我们的心灵也机械化了吧？次说口：成都人多数健谈。文化高的地方都如此，因为“有”话可讲。但是，这且不在话下。

这次，我听到了川剧，洋琴，与竹琴。川剧的复杂与细腻，在重庆时我已领略了一点。到成都，我才听到真好的川剧。很佩服贾佩之，萧楷成，周企何诸先生的口。我的耳朵不十分笨，连昆曲——听过几次之后——都能哼出一句半句来。可是，已经听过许多次川剧，我依然一句也哼不出。它太复杂，在牌子上，在音域上，恐怕它比任何中国的歌剧都复杂的好多。我希望能用心地去学几句。假若我能哼上几句川剧来，我想，大概就可以不怕学不会任何别的歌唱了。竹琴本很简单，但在贾树三的口中，它变成极难唱的东西。他不轻易放过一个字去，他用气控制着情，他用“抑”逼出“放”，他由细嗓转到粗嗓而没有痕迹。我很希望成都的口，也和它的手一样，能保存下来。我们不应拒绝新的音乐，可也不应把旧的扫灭。恐怕新旧相通，才能产生新的而又是民族的东西来吧。

还有许多话要说，但是很怕越说越没有道理，前边所说的那一点恐怕已经是胡涂话啊！且就这机会谢谢侯宝璋先生给我在他的客室里安了行军床，吴先忧先生领我去看戏与洋琴，文协分会会员的招待，与朋友们的赏酒饭吃！

在成都

老舍

成都满足了老舍的怀旧需要。他写华西坝的大学的“地旷”“静寂”“清洁”，武侯祠和望江楼的“树好”“竹好”，街上的鲜花“又多又好又便宜”，成都的吃食“精美”而“价廉”，成都的“街平，房老，人从容”。然而，在特殊时期，这一切美好却是全无用处的。

成都的确有点像北平：街平，房老，人从容。

只在成都歇了五夜，白天忙着办事，夜晚必须早睡，简直可以说没看见什么。坐车子从街上过，见到街平，房老，人从容；久闻人言，成都像北平，遂亦相信；有无差别，则不敢说，知道太少了。

学校只到了华西大学，四川大学及华美女中。华大地旷，不如济南齐鲁大学之宽而不散。川大则在晚间去的，只觉静寂可喜，宜于读书，未见其他。华美女中亦系晚间去讲演，只见到略清洁严肃，未暇参观一切设备也。

名胜仅到武侯祠与望江楼。祠中的树好，园中的竹好。论建筑与气势，远不及北平的寺庙与公园。

街上茶馆很多，可惜无暇去坐坐。身上痒，故不能不入一浴室；浴室相当的干净，但远不及平津两地的宽敞暖和；招待更差，小伙计相骂不完，惜未听清为了何事，无从记下。

成都有许多有名的小食店，此以汤圆，彼以水饺，业专史远，各有美誉。因为事忙，一家也没去照顾；只吃了一次“不醉无归小酒家”，酒饭都好，而且不贵。假若别的比不上北平，吃食之精美与价廉则胜过之。

最使我喜欢的，是街上卖鲜花的，又多又好又便宜。红的茶花，黄的腊梅，白的水仙，配以金桔梅花，真使我看呆了。

有机会，必还到成都看看；那里一定还有许多可爱的东西与地方。希望成都人在抗战中，能更紧张一些，把人力财力尽量的拿出来，作为后方都市的模范；只是街平，房老，人从容，是没有多大用处的。北平的陷落，恐怕就是吃了“从容”的亏；成都，不要再以此自傲吧。